보글보글
기하

보글보글 기하

수학의 길을 열어주는 도형·기하·기하학 공부

초판 1쇄 2021년 3월 20일
초판 4쇄 2024년 11월 11일
지은이 수냐 | **편집기획** 북지육림 | **본문디자인** 운용 | **제작** 명지북프린팅
펴낸곳 지노 | **펴낸이** 도진호, 조소진 | **출판신고** 2018년 4월 4일
주소 경기도 고양시 일산서구 강선로 49, 916호
전화 070-4156-7770 | **팩스** 031-629-6577 | **이메일** jinopress@gmail.com

ⓒ 수냐, 2021
ISBN 979-11-90282-19-2 (03410)

보글보글 기하

수냐 지음

지노 사이다 수학 시리즈 2

수학의 길을 열어주는 도형 · 기하 · 기하학 공부

새롭게 다시 한 번 기하를 보자!

'기하'만큼 생뚱맞은 수학용어도 드물 겁니다. 일반인들로서는 무슨 말인지도 잘 모르겠고, 잘 사용하지도 않습니다. 수학교과서에서도 좀처럼 보기 힘들죠. 기하보다는 도형이라는 말이 친숙합니다. 실제로도 도형에 관한 이런저런 것들을 배우니까요. 그런데도 고등학교 수학 책 중 하나는 기하입니다.

그런데 수학을 조금 공부한 분들은 기하라는 말을 즐겨 사용합니다. 도형이라는 말은 삼각형이나 원처럼 특정 도형을 언급할 때만 사용하죠. 기하학이라며 위상을 높여 부르기도 합니다. 수학의 한 분야가 아니라, 수학과 같은 수준의 학문인 것처럼 말이죠. (실제로 기하학은 서양에서 매우 영향력 있었고, 수학 자체로 여겨지던 때도 있었습니다.)

한편에서는 도형으로, 다른 한편에서는 기하학으로 부르는 기하. 그래서인지 수학 교과서에서 기하는 어정쩡한 모습입니다. 기하도 아니고 도형도 아니죠. 기하의 내용을 다루지만 도형의 모양새를 띠고 있습니다. 그러면서 기하 특유의 톡 쏘는 맛이 사라져 버렸습니다. 사람들이 그토록 열광하던 그 맛 말이죠.

수학교과서는 기하 없는 기하 책입니다. 기하의 톡 쏘는 맛이 빠져버린, 김빠진 사이다 꼴입니다. 그 맛을 내려고 그렇게 만들었던 건데, 그 맛은 밋밋해져 버렸습니다. 그러니 당연히 공부하는 맛이 별로입니다. 이런 걸 왜 마시나 싶을 뿐입니다.

저 역시 학생 때 김빠져 밋밋한 기하를 공부했었습니다. 기하라는 말도 사용하지 않았던 것 같습니다. 그러던 제가 수학을 조금 더 공부하면서 기하와 마주쳤습니다. 그 기하는 학창시절의 기하와는 많이 달랐습니다. 톡 쏘는 그 맛이 일품이어서, 공부해볼 만하더라고요.

또 하나의 기하 없는 기하 책을 내놓습니다. 교과서의 기하, 일반적인 기하 책이 아닙니다. 교과서에서 다루지 않은, 기하의 톡 쏘는 그 맛을 담아봤습니다. 왜 그 맛을 내고자 했는지, 그 맛을 내기 위해 어떤 재료와 제조법이 사용되었는지, 교과서의 기하와는 어떤 관계에 있는지를 주로 다뤘습니다. 교과서의 기하를 이해하고 공부하는 데 도움이 되기를 바라면서요.

기하는 뭐지? 도형과는 같은 거야, 다른 거야? 기하를 왜 배우지? 이렇게 고민하는 분들에게 이 책이 도움이 되었으면 좋겠습니다. 인공지능 시대에 기하를 다시 보고 싶은 분들에게도요. 마지막 부분에서 인공지능과 기하의 끈적끈적한 관계도 간단히 살펴봤습니다. 죽어 있는 듯 밋밋해져버린 기하를, 시원한 사이다를 터트렸을 때처럼 신선한 기포가 보글보글 끓어오르는 기하로 만들어줬으면 합니다. 그 마음을 담아 제목도 보글보글 기하로 정했답니다.

이 책을 쓰면서 기하를 온전히 들여다볼 수 있어서 행복했습니다. '인생을, 자신의 기하를 형성해가는 과정으로 볼 수도 있겠다'는 걸 깨달으며 제 삶도 살짝 되돌아봤습니다. 이 책을 출판할 수 있도록 도움 주신 지노출판사와 편집자님, 감사합니다.

2021년 2월
수냐 김용관

차례

인생은 자신의 기하를 형성해가는 과정이다.

Bravo my life, Bravo my geometry!

1부

기하, 왜 배울까?

01

**상상력을
지치게 하는
기하**

기하라는 말은 내게 수학이라는 말보다 어려웠다.
수학은 수를 가지고 계산하는 것이었다. 그런데
기하는 감도 잡히지 않았다. 기하를 배우기는 했
지만 그 말을 언제 알게 되었는지조차 기억나지
않는다. 기하라고 하면 '도형 아닌가?'라는 생각
이 들었을 뿐이다. '기하라는 게 이런 거였구나!'
라며 그 찌릿찌릿한 감을 잡기까지는 오랜 시간
이 걸렸다.

기하, 참 낯설다
겉은 도형, 속은 기하

기하는 도형을 공부하는 수학의 한 분야다. 삼각형, 마름모, 원, 쌍곡선 같은 게 등장한다. 삼각형이나 원의 넓이, 원주율, 피타고라스 정리처럼 도형에 관련된 사실을 공부한다. 이 세상에 도형은 많다. 도형과 관련된 문제 또한 많다. 도형을 하나하나 알아가고, 도형과 관련된 문제를 하나하나 탐구해간다.

그런데 초등학교와 중학교 교과서에서는 기하라는 말이 전혀 보이지 않는다. 간간이 선생님이 쓰시곤 할 뿐이다. 고등학교 때 『기하』 교과서와 함께 툭 튀어나온다. 하지만 교과서 안에서 기하라는 말은 거의 등장하지 않는다. 재미를 위한 삽화나 부수적인 설명에 어쩌다가 나타난다. 타원, 쌍곡선, 타원, 벡터 등을 주로 다룰 뿐 『기하』라는 교과서에 '기하'는 없다. 가장 빈번하게 사용되는 말은 역시 도형이다.

기하에 있어서 중학수학은 두 얼굴을 지니고 있다. 교과서에는 기하가 보이지 않는다. 중학수학의 깊은 곳에 숨어 있다. 다음은 교육부의 교과과정 설명 자료다. 도형 관련 영역을 기하라고 해놓았다. 겉은 도형이었지만, 속은 기하였다. 학생들은 도형을 배우지만, 선생님들은 기하를 가르친다. 동상이몽이다.

영역	핵심 개념	일반화된 지식	내용 요소		
			1학년	2학년	3학년
기하	평면 도형	주변의 형태는 여러 가지 평면도형으로 범주화되고, 각 평면도형은 고유한 성질을 가진다.	· 기본도형 · 작도와 합동 · 평면도형의 성질	· 삼각형과 사각형의 성질 · 도형의 닮음 · 피타고라스 정리	· 삼각비 · 원의 성질
	입체 도형	주변의 형태는 여러 가지 입체도형으로 범주화되고, 각 입체도형은 고유한 성질을 가진다.	· 입체도형의 성질		

출처: 2015 수학과 교육과정 설명서, 교육부

초등수학에서는 도형과 관련된 영역을 그저 도형이라고 한다. 기하가 아니다. 중학수학으로 넘어가면서 도형은 은밀하게 기하로 달라진다. 그렇다고 내용 자체가 완전히 달라지는 건 아니다. 희한하게 초등학교 때 배웠던 것을 다시 배우는 것이 많다. 그런데도 도형은 기하로 바뀌었다. 바뀐 듯 바뀌지 않았고, 안 바뀐 듯 바뀌었다.

기하는 공부하기 까다롭기로 악명 높다. 선생님은 가르치기 힘들다고 난리고, 학생은 공부하기 어렵다고 난리다. 이때의 기하는 거의 중학수학의 기하다. 증명이 등장하는 기하다. 고등수학의 기하라고 상대적으로 더 어렵지 않다. 문제 유형에 맞는 해법을 떠올리며 수와 문자를 다뤄 가면 된다. 어찌된 게 중학수학의 기하가 고등수학의 기하보다 어렵다. 증명은 정말 골치 아프다.

학생들이 하도 어렵다고 하니 교육부는 기하의 부담을 줄이기로 했다. 교과과정에서 증명이라는 말을 아예 하지 않는다. (그렇다고 증명의 내용이 빠진 건 아니다.) 증명 대신 설명이라는 말을 쓴다. 2021년 대학 입시에서는 기하를 아예 제외해버렸다. 그에 대한 반발과 비판이 많다.

기하가 얼마나 힘든지에 대해 말한 철학자가 있다. 데카르트다. 그는 철학자로도 수학자로도 유명했다. 좌표를 기반으로 한 수학을 만드는 데 큰 공헌을 했다. 새 수학을 만들었으니 수학을 꽤나 한 사람이었다. 그런 그가 기하에 대한 소감을 이렇게 표현했다.

"고대인의 해석(기하)은 도형을 고찰하는 일에 매달려 있어 상상력을 지치게 하지 않고서는 오성을 활동시킬 수 없으며……."(데카르트, 『방법서설』 이현복 옮김, 문예출판사, 2012)

기하가 상상력을 지치게 한단다. 100퍼센트 공감하는 사람도 많을 것이다. 문제를 이해하고 풀어가려면 상상력을 발동해야 한다. 지칠 정도로!

뉴턴의 유명한 책 『프린키피아』를 봐도 기하가 얼마나 어려운지 금방 확인할 수 있다. 그는 굳이 근대 수학이 아닌 고대의 기하로 설명했다. 근데 정말 읽기도, 이해하기도 난감하다. 조금 과장해 말하자면 봐줄 수가 없다. 기하, 그처럼 어렵다.

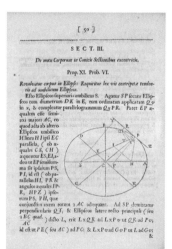

뉴턴의 프린키피아 일부. 휘황찬란한 도형이 등장한다. 그는 과학의 법칙을 기하로 증명한다. 기하가 완벽하고 정확한 것이라고 말하며.

나는 수학에서 좋은 점수를 받았지만,

결코 그것을 즐기지 못했다.

수학에서 내가 가장 좋아하는 부분은 대수학이었지만

기하는 최악이었다.

I got good grades in math, but I never really enjoyed it.

My favorite part of math was algebra,

but geometry was the worst.

—

배우, 네이선 크레스(Nathan Kress, 1992~)

02

**신성하고,
아름답고,
위대한 기하**

기하를 어려워하는 보통 사람들과는 달리, 좀 아는 사람들은 기하를 극진하게 대접한다. 기하를 찬양하고 칭송한다. 기하가 없으면 이 세상에 큰일이 날 것처럼, 기하가 이 세상을 비추는 빛이라도 되는 것처럼 말한다. 보통 사람들이 아는 기하와는 사뭇 다르다. 뭔가 엄청난 보물이 숨어 있는 것 같다.

기하, 도형을 넘어서는
뭔가가 있다

사람은 기하를 통해서 영혼의 눈을 정화한다.

—철학자, 플라톤

기하는 이 세계에 존재하는 아름다움의 전형이다.

—과학자, 요하네스 케플러

서양 과학의 발전은 두 가지 위대한 업적에 바탕을 두고 있다. 그리스 철학자들의 (유클리드기하에 있는) 형식적 논리 체계의 발명과 (르네상스 기간의) 체계적인 실험에 의한 인과관계 규명 가능성의 발견이 그것이다. 내 생각에 중국의 현자들이 이런 업적을 이뤄내지 않았다는 것에 놀라지 않아도 된다. 이러한 발견들이 이루어졌다는 것 자체가 놀라운 일이다.

—물리학자, 알베르트 아인슈타인

모든 게 다 잘 맞고 균형이 잘 잡혀 있는 노래가 이어질 때, 여러분은 완전히 친숙하고 편안함을 느낀다. 나는 그런 노래를

신성한 기하라고 부른다. —팝가수, 제이슨 므라즈

플라톤은 기하로 영혼의 눈을 정화할 수 있다고 한다. 증명 때문에 마음은 심란해지더라도, 영혼은 깨끗해지나 보다. 케플러는 기하를 아름다움과 연결시킨다. 전혀 어울릴 법하지 않은 조합이다. 팝가수 제이슨 므라즈는 기하에 '신성한'이라는 수식어까지 붙였다. 아인슈타인은 기하가 서양 과학을 발전시킨 두 개의 원동력 중 하나라며 치켜세운다.

기하를 도형에 대한 탐구로만 본다면 이해하기 어려운 말들이다. 도형에 대한 탐구가 어찌 영혼을 정화하고, 미의 전형이 되며, 멋진 노래가 된단 말인가. 기하는 도형이 아니다. 도형을 훌쩍 넘어선다.

광학이 빛의 기하이듯이, 음악은 소리의 산술이다.

Music is the arithmetic of sounds as optics is the geometry of light.

—

음악가, 클로드 드뷔시(Claude-Achille Debussy, 1862~1918)

기하에 대한 정의:
도형, 공간, 성질, 관계, 추론

1. 기하: 점, 직선, 곡선, 면, 부피 사이의 관계를 연구하는 수학 분야. ―브리태니커 비주얼사전

2. 기하: 도형 및 공간의 성질에 대하여 연구하는 학문.
   ―네이버 국어사전

3. 기하는 모양이나 크기, 도형의 상대적인 위치 그리고 공간의 성질에 관한 질문을 다루는 수학의 분야다. ―위키피디아

4. 기하는 공간 연구와 점, 선, 곡선 및 면 사이의 관계를 다루는 수학의 분야다. ―Cambridge Dictionary

5. 기하는 수학의 한 분야다. 공간에 있는 점, 선, 각, 도형의 성질이나 크기, 관계를 (연역적으로) 추론하는 걸 다룬다. 그 추론은 공간의 가정된 성질에 의해 정의되는 조건으로 이뤄진다.
   ―dictionary.com

기하에 대한 정의들은 비슷하면서도 다르다. 1은 기하를 도형과 도형의 성질을 다루는 학문 정도로 설명한다. 2, 3, 4에서는 갑자기 공간(space)이 튀어나온다. 기하를 도형만으로 한정하고 있다면 받아들이기 어려운 정의다. 기하란 도형뿐만 아니라 공간까지 다룬다.

5에서는 추론이라는 키워드가 등장한다. 추론은 하나의 판단 A를 근거로 다른 판단 B를 이끌어내는 것이다. 기하가 이런 추론을 다룬다고 한다. 추론의 대상은 도형의 성질이나 관계인 듯하다.

도형, 공간, 성질, 관계, 추론은 기하와 관련된 키워드들이다. 기하는 이 말들과 관련된 그 무엇이다. 기하의 대상은 도형보다 광범위하다. 도형에 관한 연구는 기하의 일부에 불과하다. 기하를 도형으로만 본다면, 기하가 서양 과학의 바탕이었다는 아인슈타인의 말에 영원히 공감할 수 없다.

도형을 넘어
기하로!

도형과 기하는 다르다. 기하를 도형 정도로 본다면 기하를 한참 얕잡아보는 것이다. 기하가 뭔지를 모르니 기하를 공부하는 것도 어려울 수밖에 없다. 기하가 뭔지를 모르니, 왜 기하를 배울 만한지 알 턱이 없다. 관심조차 없다. 서양 과학, 나아가서 근대 문명의 바탕 역할을 해낸 기하인데도 말이다.

이해의 수준을 도형에서 기하로 높여보자. 아인슈타인의 경지에 나란히 앉아 있을 수 있다. 그러기 위해 도형에서 출발해 기하에 이르는 여행을 해보자. 그 과정에서 기하의 키워드를 하나씩 만날 것이다. 기하를 공부하는 요령도 덤으로 얻을 수 있다.

우선 몇 개의 단어를 구분해서 사용하고자 한다. 뭉뚱그려서 사용하는 말들이지만 그 의미를 제한해보겠다. 기하를 더 엄밀히 이해하기 위해서다.

도형: 삼각형, 사각형처럼 기하의 구체적인 대상.

도형: 도형에 관한 경험적 탐구 전반. 초등수학 수준의 기하.

기하: 도형에 관한 논리적 탐구. 중학수학 수준의 기하.

기하학: 기하가 체계를 갖춰 학문으로 발전한 것.

나는 큐브의 단순함을 매우 좋아한다.

큐브는 매우 분명한 기하의 도형이기 때문이다.

또한 나는 기하를 사랑한다.

전 우주가 어떻게 구성되는지에 대한 연구이기 때문이다.

I love the simplicity of the Cube

because it's a very clear geometrical shape, and I love geometry

because it's the study of how the whole universe is structured.

—

루빅스 큐브 발명가, 에르노 루빅(Erno Rubik, 1944~)

2부

기하, 무엇일까?

03

도형과 기하
― 대상이 다르다

도형과 기하의 차이점부터 탐구해보자. 그 차이를 확인하고 비교해볼 수 있는 곳이 있다. 초등수학과 중학수학 교과서다. 초등수학 교과서는 도형의 입장에서 구성되었다. 하지만 중학수학은 기하의 입장에서 구성되었다. 그 둘을 비교하면 차이가 드러난다. 대상부터 먼저 살펴보자.

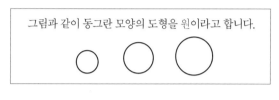

초등저학년

초등 저학년에서는 실제 삼각형들을 보여주고, 그렇게 생긴 것들을 삼각형이라고 한다며 알려준다. 도형을 그림으로 보여주고 이름을 소개한다. 새 친구를 먼저 보여주고 이름을 알려주듯, 매우 일상적이고 자연스러운 방식이다.

도형을 관찰해보시오.

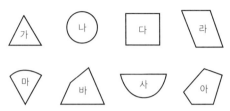

- 선분으로만 둘러싸인 도형을 모두 찾아보시오.
- 그렇지 않은 도형을 모두 찾아보시오.

선분으로만 둘러싸인 도형을 다각형이라고 합니다.

초등고학년

학년이 높아지면 소개하는 방식이 조금 달라진다. 그래도 패턴은 같다. 보여주거나 활동을 한 후 도형의 이름을 알려준다. 단그 사이에 도형을 설명하는 말이 들어간다. 저학년의 방식보다구체적이고 세밀하다.

초등수학의 도형 소개: 그림 → 설명 → 도형의 이름

다각형은 선분만으로 둘러싸인 평면도형이다. 이 때 다각형을 이루는 선분을 변, 변과 변이 만나는 점을 꼭짓점이라고 한다.

다각형은 변의 개수에 따라 삼각형, 사각형, 오각형, …이라 하며, n개의 변으로 둘러싸인 다각형을 n 각형이라고 한다.

원은 평면 위의 한 점 O로부터 일정한 거리에 있는 모든 점으로 이루어진 도형이며, 이것을 원 O로 나타낸다. 이때 점 O는 원의 중심이고, 원의 중심 O와 원 위의 한 점을 이은 선분이 원의 반지름이다.

도형이 그려져 있고 그 옆에 글자로 된 설명이 있다. 다각형이 뭐고 원이 무엇인지 말로 설명해놓았다. 이렇게만 보면 초등수학과 별 차이가 없어 보인다. 글자가 많아졌다는 정도가 눈에 띄는 차이이다. 각 도형에 대한 세부 설명도 거의 같다. 초등수학에서도 중학수학에서도 선분으로만 둘러싸인 도형을 다각형이라고 했다. 그러나 눈에 띄는 차이가 있다.

형식을 보라. 초등수학에서는 '선분으로만 둘러싸인 도형을 다각형이라고 한다'고 했다. 그런데 중학수학에서는 '다각형은 선분으로만 둘러싸인 도형이다'라고 한다. 초등수학이 'ㅇㅇㅇ을 ㅇㅇ도형이라고 한다'고 하는 반면, 중학수학은 'ㅇㅇ도형은 ㅇㅇㅇ이다'라고 한다. 소개하는 형식이 반대다.

　　　초등수학　　　　　　　　중학수학
'A를 B도형이라고 한다.' → 'B도형은 A이다.'

중학수학에서는 도형의 이름이 먼저 등장한다. 그런 후 설명이 나온다. 그 앞이나 뒤에 도형이 그려져 있다. (원래 기하라면 말이 먼저 나와야 한다. 그런데 교과서에서는 그림이 먼저 등장하기도 한다.) 이런 형식상의 차이가 초등수학과 중학수학의 차이다. 도형과 기하의 차이이기도 하다.

중학수학의 도형 소개: 도형의 이름 → 설명 → 그림

〈정복자(Conqueror)〉, 파울 클레, 1930년작

정복자를 직선과 곡선, 원을 사용해 간결하게 그렸다.

날카로운 화살표만가 정복자의 야욕을 섬뜩하게 보여주는 것 같다.

일상의 사물을 들여다보면서 우리는 도형을 자연스럽게 떠올린다.

도형들이 이미 존재해 왔던 것처럼 말이다.

도형의 도형은 약속된다.

도형,
대상을 약속한다

<

　　도형에서는 도형을 그림으로 먼저 제시한다. 그 특징을 설명한 후 대상의 이름이 나온다. 사람을 먼저 무대에 불러 세워놓고 이름을 소개하는 식이다. 도형의 도형들은 이미 존재해 있었다. 이름을 불러주기 전부터 존재해왔다. 그러다가 이름이 하나하나 부여되었다.

　　도형의 대상은 우리가 자와 컴퍼스를 이용해 그리는 바로 그 도형이다. 그것이 도형의 실질적인 대상이다. 그에 이름을 붙이고 그 성질을 탐구하는 것이 도형이다. 도형의 대상은 약속된다.

기하,
도형을 정의한다

>

　기하에서는 도형의 이름이 가장 먼저 나온다. 그리고 그 도형을 말로 설명한다. 그림이 마지막으로 제시된다. 도형과 반대다. 이름을 먼저 부른 후 사람을 무대로 부른다.

　기하에서 도형은 이미 존재하고 있는 게 아니다. 이름을 불러주기 전에는 아무것도 존재하지 않았다. 이름을 불러주면서 존재하게 된다. '빛이 있어라!'고 하자 빛이 존재하게 되었다는 어느 경전의 말씀처럼. 이미 존재했던 것이 아니라서 소개를 위해 이름을 먼저 불러줘야 한다.

　엄밀히 볼 때 기하에서 도형은 말로 존재한다. 그림보다 말에 우선권이 있다. 도형의 이름과 뜻을 모두 말로 정해준다. 이를 정의(definition)라고 한다.

　정의란 그 대상의 뜻을 명백히 규정하는 것이다. 말로만 정의하면 이해하기 어렵다. 모양이 잘 그려지지 않는다. 그래서 그 말을 그림으로 그려서 보여준다. 기하에서 도형을 그린 그림은 도형 자체가 아니다. 이해를 돕기 위한 보조도구다. 말을 풀어 그리면 대강 이런 모양이라는 것이다.

약속에서
정의로!

　도형에서 도형은 약속되었다. 하지만 기하에서 도형은 정의되었다. 기하에서 도형은 그 도형에 대한 정의 자체다. 정의가 빠진 도형은 기하의 대상이 될 수 없다. 도형의 대상은 보여줄 수 있다. 그러나 기하의 대상은 보이는 게 아니라 말로 설명된다.

　도형의 이야기는 우리가 살아가는 현실의 세계에서 펼쳐진다. 현실이 도형의 무대다. 그러면 기하 이야기는 어디에서 펼쳐질까? 말의 세계 즉 개념과 이론의 세계다. 현실을 통해 만들어진 세계이지만 현실은 아니다. 현실과 비슷하면서도 현실과 전혀 다르기까지 한 이론의 세계다. 도형과 기하는 대상도, 그 대상이 존재하는 세계도 다르다.

　도형에서 기하로의 변화는 '약속'에서 '정의'로의 변화다. 실제에서 말로, 현실에서 이론으로의 변화다.

차원의 문제를 잘 다룬 1884년의 소설『플랫랜드』의 표지이다.
이 소설을 원작으로 해서 2007년에 애니메이션
〈플랫랜드(flatland)〉가 제작되었다.
이 애니메이션의 마지막 장면에서는 4차원 도형인
초입방체(hypercube)가 등장한다. 초입방체는 추론을 통해
머리로 본 도형이다. 그 성질이 말로 정의되어 있다.
기하의 도형은 정의된다.

04

도형과 기하
— 방법이 다르다

대상에 있어서 도형과 기하의 차이는 눈에 잘 띄지 않는다. 알고 봐야 보이는 차이다. 그런데 눈에 확 띄는 차이도 있다. 보기만 해도 다르다는 걸 금방 알 수 있다. 갈림길에 있는 이정표 두 개처럼 완전히 다르다. 길이 다르고 방향이 다르다. 그만큼 차이를 비교하기 쉽다. 그건 바로 방법이다. 문제를 풀기 위해 사용하는 방법이다.

초등수학의 풀이 과정을 살펴보자.

(1) 이등변삼각형을 만들고 어떤 성질이 있는지 찾아보시오.

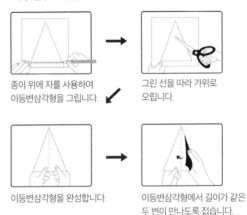

종이 위에 자를 사용하여 이등변삼각형을 그립니다.

그린 선을 따라 가위로 오립니다.

이등변삼각형을 완성합니다.

이등변삼각형에서 길이가 같은 두 변이 만나도록 접습니다.

(2) 다음은 오각형의 외각을 잘라서 한 점에 모으는 과정이다.

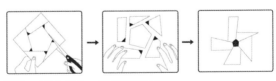

탐구 오각형의 외각의 크기의 합을 말해보자.

(3)　　　　　　원주와 지름을 재어 보고 (원주)÷(지름)을 계산하시오.

물건의 이름	원주(cm)	지름(cm)	(원주)÷(지름)

(1)은 이등변삼각형의 두 각의 크기를 다룬다. 이등변삼각형을 그린 후 접어본다. 두 밑각의 크기가 같은지 다른지 직접 확인한다. 접어보니 같았다. 그래서 알게 된다. '아하, 이등변삼각형의 두 밑각의 크기는 같구나.'

(2)는 오각형 외각의 합 문제다. 오각형을 직접 그린다. 칼로 오려서 다섯 개의 외각을 만든다. 그리고 그 모든 외각을 한 점에 모아 합쳐본다. 모아보니 알게 된다. '아하, 오각형의 외각을 모두 더하면 360도가 되는구나.'

원주율을 구하는 (3)도 비슷하다. 원 모양으로 된 물건들을 찾아, 원둘레와 지름을 직접 측정한다. 원둘레를 지름으로 나눠 계산한다. 그러면 원주율 값은 일정하다는 걸 알게 된다. 그 값은 3.1415926535……. 문제를 풀 때는 근삿값 3.14를 주로 사용한다.

초등수학에서는 문제에서 요구하는 것을 직접 해보면서 푼다. 비교하라면 둘을 대보고, 값을 구하라면 직접 계산한다. 직접 그리고, 직접 잘라보고, 직접 측정한다. 손으로 눈으로 활동하며 풀이가 진행된다. 활동을 잘하면 좋은 답을 얻는다. 과학 실험 같다. 답을 손으로, 눈으로 확인한다.

중학수학의 풀이 과정을 살펴보자.

(1) 오른쪽 그림과 같이 $\overline{AB} = \overline{AC}$인 이등변삼각형 ABC에서 ∠A의
이등분선과 변 BC의 교점을 D라고 할 때, 두 삼각형 ABD와 ACD
에서

$$\overline{AB} = \overline{AC} \qquad \cdots\cdots ①$$

$$\angle BAD = \angle CAD \qquad \cdots\cdots ②$$

$$\overline{AD}는 공통 \qquad \cdots\cdots ③$$

이다.

따라서 ①, ②, ③에서 $\triangle ABD \equiv \triangle ACD$(SAS 합동)이므로

$$\angle B = \angle C$$

이다. 즉 이등변삼각형의 두 밑각의 크기는 같다.

(2) n각형의 한 꼭짓점에서의 내각과 외각의 크기의 합은

항상 $180°$이므로

$$(내각의 크기의 합) + (외각의 크기의 합) = 180° \times n$$

이다. 따라서 n각형의 외각의 크기의 합은 다음과 같다.

$$(외각의 크기의 합) = 180° \times n - (내각의 크기의 합)$$

$$= 180° \times n - 180° \times (n-2) = 360°$$

(3) 　　원의 크기에 상관없이 지름의 길이에 대한 둘레의 길이의 비율인 원주율은 항상 일정하다. 초등학교에서는 원주율의 값으로 3.14를 사용했으나 원주율의 정확한 값은 3.141592653…과 같이 한없이 계속되는 소수임이 알려져 있다. 이러한 원주율을 기호로 π와 같이 나타내고, 이것을 '파이'라고 읽는다.

　　중학수학에서는 문제를 푸는 방법이 달라진다. 이등변삼각형의 두 밑각의 크기 문제를 보라. 보조선을 그어 작은 삼각형 두 개를 만든다. 그 두 삼각형이 합동임을 보인다. 합동이므로 대응하는 두 밑각의 크기는 같다. '아하, 그래서 이등변삼각형의 두 밑각의 크기는 같구나.'

　　오각형의 외각의 합도 직접 더해보지 않는다. (2)처럼 내각과 외각의 합을 더하면 180도가 된다는 성질을 이용한다. 그 성질을 이용해 n각형의 외각의 합을 공식화한다. 이치를 따져보니 n각형의 외각의 합은 항상 360도다.

　　원주율을 구하는 (3)에서도 측정은 사라진다. (측정은 중학수학에서 아예 사라진다.) 그러나 그 구체적인 방법은 소개되지 않았다. 중학생에게는 어렵기 때문에 관련된 그림만 살짝 보여준다. 원주율 값이 무한소수라고 알려준다. 3.14라는 값 대신에 π를 사용한다.

　　중학수학에서는 답과 직접 관련된 사실을 이용해서 문제를 푼다. 원인이 되는 사실을 이용해 결과가 되는 사실, 즉 문제의 답을 구한다. 추리를 통해 답을 머릿속으로 확인한다. 이치를 따져가며 답을 유도한다.

이등변삼각형의 밑변의 끝점들로부터 대변의 중점까지 그려진
선들의 길이가 같다는 것을 아는 게 왜 그렇게 중요한가?

Why is it so very important to know that the lines drawn from the
extremities of the base of an isosceles triangle to the middle points of
the opposite sides are equal!

—

운동가, 헬렌 켈러(Helen Keller, 1880~1968)

경험에서 이론으로,
귀납에서 연역으로

<

　도형의 방법은 직접 해보는 것이었다. 경험과 측정이 답을 구하는 방법이었다. 문제를 풀기 위해 생각하고 말고 할 것이 없다. 요구하는 것을 직접 해보면 된다. 생각을 잘하기보다는 실험을 잘하면 된다. 생각해야 할 것은 '어떻게 잘해볼 것인가?'다. know-how가 문제다.

　경험은 우리가 이 세상을 탐구해가는 익숙한 방법이다. 경험을 통해 우리는 해가 동에서 뜨고, 물은 위에서 아래로 흐른다는 것을 안다. 세상에 공짜는 없다는 걸 안다. 경험은 구체적이고 특수한 상황에서 발생한다. 이렇듯 구체적인 경험을 통해 일반적인 사실을 알아가는 것을 귀납법이라고 한다.

　기하는 사실 A를 이용해 사실 B를 알아낸다. A가 원인이 되어 B라는 결과를 이끌어낸다. 바람이 불면 나뭇잎이 흔들린다는 것처럼, 인과관계를 통해 사실을 밝혀간다. 문제를 이처럼 풀어내는 것이 증명이다. 논리적으로 증명한다고 하여 '논증'이라고도 한다. 원인이 되는 근본적 사실로부터 결과가 되는 특수한 사실을 알아낸다. 이 방식을 연역법이라고 한다.

기하의 방법은 증명이다. 원인이 되는 사실을 제시함으로써 답을 이끌어낸다. 이유와 근거가 되는 사실을 제시한다. '왜 그럴까?'를 생각해야 한다. know-why가 문제다.

내가 기억하기로,

기하는 처음으로 흥미진진했던 과정이었다.

Geometry was the first exciting course I remember.

—

물리학자, 스티븐 추(Steven Chu, 1948~)

>

도형의 방법은 경험이었다. 반면에 기하는 증명을 방법으로 사용한다. 사실을 밝혀가는 방법이 바뀐 것이다. 추론의 방법이 바뀌었다.

추론이란 알려진 판단을 근거로 다른 판단을 이끌어내는 것이다. 기존의 정보를 가지고 새로운 사실을 알아낸다. 우리가 습득하는 새로운 지식은 추론의 결과다. 추론을 통해 자신이나 세상에 대해 알아간다. 우리는 일생 동안 끝없이 추론한다.

도형이나 기하 역시 추론을 필요로 한다. 새롭게 밝혀야 할 사실이 많기 때문이다. 그러기 위해서는 적절한 방법이 있어야 한다. 무엇을 통해 어떻게 추론할 것인지, 방법이 필요하다.

도형은 경험을 통해 추론한다. 직접 재보고, 직접 비교해본다. 도형은 경험적 추론이다. 실제 경험을 판단 근거로 삼아 일반적인 사실을 유도한다. 그러나 기하는 증명을 통해 추론한다. 알려져 있는 확실한 사실이 추론의 근거다. 기하는 연역적 추론이다.

도형에서 기하로의 변화는 추론 방법의 변화였다. 경험적 추론에서 연역적 추론으로 바뀌었다. 경험이라는 근거에서, 확실한 사실이라는 근거로 바뀌었다.

도형 → 기하

경험 → 이론

귀납 → 연역

실험 → 증명(논증)

know-how → know-why

문제가 있는 곳에, 기하가 있다.

Where there is matter, there is geometry.

—

과학자, 요하네스 케플러(Johannes Kepler, 1571~1630)

05

도형에서
기하로,
왜?

도형과 기하의 차이로 확인해본 것은 대상과 방법이었다. 도형과 기하는 그렇게 달랐다. 도형은 경험과 측정을 사용하기에 더 쉽다. 그런데도 굳이 더 어려운 기하로 바뀌었다. 왜 그렇게 바뀌어야 했을까?

>

도형에서 원주율을 구했던 방법을 떠올려보라. 원 모양의 물건을 찾아 측정하고 계산해 구한다. 그러면 원주율의 값을 구할 수 있을까?

직접 해본 사람은 안다. 원주율의 값은 결코 3.14로 일정하게 나오지 않는다. 다양하게 나온다. 3.14도 나오겠지만 3.05나, 3.5, 3.11과 같이 3.14가 아닌 값도 나오게 마련이다. 슬렁슬렁 측정하다 보면 4보다 크게도 나오고 3보다 작게도 나온다.

여러 개의 측정치가 나왔다면 어느 게 참값일까? 가장 여러 번 나온 값? 가장 빈번하게 나온 값이 참값이라는 보장은 어디에도 없다. 확률이 더 높을 뿐이다. 진실이 꼭 다수에 있는 건 아니지 않은가! 통계는 확률일 뿐 진실을 대변하지 않는다. 통계에도 오차와 오류는 늘 발생한다.

어느 값이 참값인지 판단할 근거는 전혀 없다! 참값을 미리 안다면 측정 결과에 대해 왈가왈부할 수 있다. 그러나 참값을 모른 상태에서는 어느 게 참값이라고 단정할 수 없다. 누구든 자신의 측정치가 맞았다고 우길 수 있다.

경험은
근삿값이다

＜

측정으로는 참값을 알아낼 수 없다. '참값이겠지'라고 생각하는 근삿값만 얻게 된다. 게다가 그 값은 측정할 때마다 달라지곤 한다. 고장 난 나침반처럼 북극을 정확히 가리키지 못하고 계속 흔들린다.

지구에서 보면 달은 지구 주위를 돈다. 지구는 가만히 있다. 그런데 달에서 보면 반대다. 지구가 달을 돌며, 달은 가만히 있다. 지구 위에서 망치와 깃털을 떨어뜨리면 망치가 먼저 떨어진다. 그런데 달나라에서는 같이 떨어진다. 믿기지 않아서 달나라에 간 사람들이 직접 실험해서 확인했다.

경험은 지식을 터득하는 중요한 방법이다. 그런데 경험은 늘 같지 않다. 환경에 따라 달라질 수 있다. 같은 걸 경험해도 해석이 달라진다. 근사적이고 부분적이며 특수하다. 때로는 심각한 오류에 빠지기도 한다. 경험만으로는 어떤 게 맞고 틀린지를 구별하지 못한다.

>

경험과 측정의 한계를 깨달았다고 하자. 그러면 다른 방법을 찾아야 한다. 측정이 아닌 다른 방법으로 원주율 값을 알아낸 사람이 있다. 2300년 전 그리스에서 활동했던 수학자 아르키메데스다.

아르키메데스는 원을 두 개의 정다각형으로 접근했다. 하나는 원 안에서 접하는 정다각형, 다른 하나는 원 밖에서 접하는 정다각형. 원은 내접하는 정다각형보다는 크다. 하지만 외접하는 정다각형보다는 작다. 원은 두 정다각형 사이에 있다. 원둘레 역시 내접하는 정다각형의 둘레보다는 크다. 외접하는 정다각형의 둘레보다는 작고.

내접하는 정다각형의 둘레 < 원둘레 < 외접하는 정다각형의 둘레

$$\frac{\text{내접하는 정다각형의 둘레}}{\text{원의 지름}} < \text{원주율} < \frac{\text{외접하는 정다각형의 둘레}}{\text{원의 지름}}$$

이 부등식의 각 항을 원의 지름으로 나누면 가운데 항은 원주율이 된다. 원둘레 나누기 원의 지름이므로. 이제 원주율의 값은 범위로 제시된다. 하나의 값이 아니기에 다소 실망스러울 수 있다. 그러나 정다각형의 변의 수를 늘려 계산해가면 원주율의 범위가 대폭 줄어든다. 아르키메데스가 제시한 원주율의 범위는 다음과 같았다. 3.14까지는 정확했다.

$$\frac{223}{71} < \text{원주율} < \frac{22}{7}$$
$$3.140845\cdots\cdots < \text{원주율} < 3.142857\cdots\cdots$$

아르키메데스는 정다각형의 둘레를 측정해 알아내지 않았다. 물론 그도 그림을 그려가며 풀었다. 하지만 길이를 측정하기 위한 게 아니었다. 생각을 전개하기 위한 도구로 그림을 활용했다. 정다각형의 둘레를 이론으로 계산했다. 그 값을 이용해 원주율이 얼마인지 이론적으로 알아냈다.

\>

3+4의 답이 여러 개일 수는 없다. 문제가 명확하다면 답은 하나여야 한다. 특정한 선분의 길이라든가, 어떤 삼각형의 넓이 또한 답이 여러 개일 수 없다. 답은 하나여야 한다. 그런데 측정을 하면 답이 여러 개다. 고로 참값을 원한다면 경험은 적절하지 않다.

답이 오직 하나가 되려면, 문제의 조건들이 하나로 확정되어야 한다. 똑같은 원에 대해 원둘레나 지름이 달라서는 안 된다. 그러면 답도 달라진다. 원둘레나 지름이 하나의 값이 되려면 측정할 게 아니라 머리로 계산해야 한다. 도형의 성질을 이용해 알아내야 한다.

한 변의 길이가 2인 정삼각형의 둘레는 얼마일까? 우리는 측정하지 않고도 6이라는 걸 안다. 정삼각형은 변의 길이가 모두 같다. 변이 세 개이므로 6이 된다. 측정했더라면 6이 아닌 여러 개의 답이 나왔을 것이다. 정확한 하나의 답을 알아내려면 머릿속으로 생각해야 한다. 즉 이론적으로 추리해서 풀어야 한다.

평면 기하는, 증명과 추상 작용에 대해 배우는 핵심 과정이다.

Plane geometry is sort of the key course

where you learn about proving things and abstraction.

—

물리학자, 셸던 리 글래쇼(Sheldon Lee Glashow, 1932~)

$>$

   도형이 기하로 바뀐 것은 경험의 한계 때문이다. 근삿값이 아닌 참값, 특수한 지식이 아닌 보편적 지식, 불확실한 근거가 아닌 확실한 근거를 찾아 도형은 기하로 바뀌었다. 증명이 측정을 대신했다. 경험적이고 귀납적인 추론이 이론적이고 연역적인 추론으로 바뀌었다. (완전히 일치하는 건 아니지만) 중학수학 수준의 기하가 바로 이 수준이다.

   기하는 p라는 사실로부터 q라는 사실을 추론한다. p → q라고 표현한다. 'p이면 q이다'는 뜻이다.

      정삼각형이다 → 둘레는 변의 길이의 세 배다.

              p → q

모든 명제에서 기하는 경험이 결코 말할 수 없는 언어를 말한다. 그리고 실제로 경험은 그 언어의 의미를 절반 정도만 이해한다.

Geometry in every proposition speaks a language
which experience never dares to utter; and indeed of
which she but halfway comprehends the meaning.

—

과학자, 윌리엄 휴일(William Whewell, 1794~1866)

정의가 명확해야
답도 명확하다

기하의 증명에서 근거는 확실해야 한다. 그래야 추론된 결과
도 확실해진다. 그러기 위해서는 도형에 관한 정의 역시 확실하
고 명확해져야 한다.

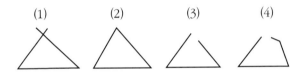

(1)   (2)   (3)   (4)

삼각형을 변이 세 개 있는 도형이라고 생각하면 (1), (2), (3)
은 모두 삼각형이다. 각이 세 개 있는 도형이라 생각하면 (4)도 삼
각형이 된다. (1), (3), (4)가 삼각형이 아니라고 하려면 보다 엄밀
한 정의가 필요하다. 세 변으로 둘러싸인 다각형이라고 해야 삼
각형이 된다.

어린이들은 대부분 점에 크기가 있다고 생각한다. 모양만이
아니라 색깔도 있다고 생각하기도 한다. 일상적으로 보는 점이

그러하기 때문이다. 경험대로 제각각이다. 말은 같아도 뜻이 다르다면 답도 제각각이기 마련이다.

기하의 정의는 최대한 엄밀하고 정확해야 한다. 모호하거나 헷갈릴 여지가 있어서는 안 된다. 정의로부터 갖가지 성질과 정리를 추론하기 때문이다. 정의가 정확해야 정확한 기하가 펼쳐진다. 엄밀한 정의 없이 문제를 정확히 풀어낼 수는 없다. 대한민국의 경계를 정확히 알려주지 않고, 그 넓이를 구하라는 것과 같다. 그래서 도형의 정의로부터 기하는 시작된다.

사람이 지어낸 모든 것들은 진실하다.

당신은 그 사실을 온전히 확신할 수 있을 것이다.

시는 기하처럼 엄밀하다.

Everything one invents is true, you may be perfectly sure of that.

Poetry is as precise as geometry.

—

작가, 귀스타브 플로베르(Gustave Flaubert, 1821~1880)

06

**기하에서
기하학으로!**

기하는 기원전 6세기경 고대 그리스에서 출현했다. 그리스에 뿌려진 도형의 씨앗은 기하라는 열매를 맺었다. 기하는 그리스에서 나날이 발전해갔다. 기하를 연구하는 사람도 기하의 성과도 많아졌다. 하지만 제대로 된 논증, 제대로 된 추론을 위해서는 논증의 정신만으로는 부족했다. 탱탱하고 검붉은 대추 한 알이 되려면 천둥도 태풍도 필요한 법이다. 논증의 꽃을 피우려면 뿌리를 감싸줄 더 큰 대지가 필요했다.

기하,
체계가 필요하다

원을 그려보겠다는 생각만으로는 온전한 원을 그릴 수 없다. 손만으로는 부족하다. 제아무리 손재주가 좋아도 손으로 그린 원은 살짝 찌그러지게 마련이다. 어느 한구석이 헛헛하다. 동그란 원을 그려내려면 컴퍼스와 군더더기 없는 작도법이 동원되어야 한다.

아이디어라는 건 처음에는 거칠고 개략적이다. 촘촘하지 않고 구멍이 듬성듬성 있다. 아이디어가 완전해지려면 다듬어지고 보완되어야 한다. 논증 역시 그러했다. 논증이라는 아이디어는 시작에 불과했다.

기하의 추론은 징검다리를 밟고 냇가를 건너는 것과 같다. 징검다리는 사실이고, 징검다리를 건너는 행위가 추론이다. 징검다리가 튼튼한지 두드려보는 게 논증이다. 한 군데라도 문제가 생기면 물에 풍덩 빠지게 된다. 제대로 된 논증을 해내려면 그에 걸맞은 과정과 절차가 필요했다. 시스템, 즉 체계가 필요했다. 기원전 3세기의 일이다.

기하는 가장 완전한 과학이다.

Geometry is the most complete science.

—

수학자, 데이비드 힐베르트(David Hilbert, 1862~1943)

>

유클리드는 기원전 3세기 고대 그리스의 알렉산드리아에서 활동한 수학자다. 『원론』이라는 책을 발간했다. 총 13권인데 기하만을 다룬 것은 아니다. 수론에 관계된 내용도 있다. 그렇다고 당대의 수학을 총망라한 것도 아니다. 그 책의 진가는 내용보다 형식이었다.

『원론』의 목적은 논증의 방법을 선보이는 것이었다. 논증을 위해 어떤 체계가 필요한지를 구체적으로 보여줬다. 이 책으로 말미암아 기하는 학문으로서의 기하학이 되었다. 단편적인 사실로서의 기하가 아니라, 체계적이고 종합적인 학문이 되었다. 그가 제시한 체계는 지금도 활용되고 있다.

유클리드가 제시한 체계는 기하학의 표준이 되었다. 그래서 유클리드로 말미암아 등장한 기하학을 유클리드기하학이라고 한다. 유클리드에 의해 형성된 기하학이라는 뜻이다. 유클리드의 업적을 칭송하며 그의 이름을 붙여주었다.

중학수학의 기하는 유클리드기하학의 일부에 해당한다. 평면도형에 관계된 정리를 도형별로 다룬다. 증명된 결과인 정리를 일부 소개한다. 그러나 증명의 방법이나 전반적인 체계는 다루지 않는다. 그래서 학생들은 기하를 공부하면서도, 기하를 왜 그렇게 공부하는지를 잘 모른다. 공부는 재미 없고 어렵기만 할 뿐이다.

* 정의(Definition)

1. 점은 부분이 없는 것이다.

2. 선은 폭이 없는 길이이다.

3. 선의 끝은 점이다.

4. 직선은 점들이 고르게 놓여 있는 선이다.

5. 면은 길이와 폭 만을 가진 것이다.

(……)

23. 평행선은, 같은 평면에 있으면서 양쪽으로 무한히 늘려도, 어느 쪽에서도 서로 만나지 않는 직선들이다.

* 공준(Postulate)

1. 임의의 점에서 임의의 점으로 직선을 그릴 수 있다.

2. 직선의 유한한 선분을 계속해서 연장할 수 있다.

3. 임의의 중심과 반지름을 가진 원을 그릴 수 있다.

4. 모든 직각은 서로 같다.

5. 두 개의 직선에 한 직선이 만나 어느 한쪽의 두 내각의 합

이 직각 두 개(180도)보다 작다고 하자. 두 직선을 무한히 연장하면 두 내각의 합이 직각 두 개보다 작은 쪽에서 두 직선은 만난다.

* 공리(Common Notion)

1. 같은 것과 같은 것들은 서로 같다.

2. 같은 것에 같은 것을 더하면, 전체들도 같다.

3. 같은 것에 같은 것을 빼면, 나머지들도 같다.

4. 서로 포개지는 것들은 서로 같다.

5. 전체는 부분보다 크다.

* 정리(Proposition)

1. 주어진 선분을 변으로 하는 정삼각형을 그릴 수 있다.

2. 주어진 점을 끝점으로 하여, 주어진 선분과 같은 선분을 그을 수 있다.

3. 같지 않은 두 개의 선분이 주어져 있다. 큰 선분으로부터 작은 선분과 같은 선분을 잘라낼 수 있다.

(⋯⋯)

47. 직각삼각형에서 직각과 마주보는 변의 제곱은, 직각을 포함하는 변들의 제곱의 합과 같다.

48. 삼각형에서 한 변의 제곱이 나머지 두 변의 제곱의 합과 같다면, 나머지 두 변이 포함하는 삼각형의 각은 직각이다.

기하가 토대로 하고 있는

직선과 원에 대한 서술은 역학에 속한다.

기하는 이 도형들의 작도법을 가르쳐주지 않는다.

그 도형들이 작도되어야 한다는 것을 요구한다.

The description of right lines and circles,

upon which geometry is founded,

belongs to mechanics. Geometry does not teach us to draw these lines,

but requires them to be drawn.

—

과학자, 아이작 뉴턴(Isaac Newton, 1643~1727)

정의-공리-정리
연결되어 있다!

〈

『원론』1권의 개략적인 체계를 보았다. 정의 23개, 공준 5개, 공리 5개, 정리 48개로 구성되어 있다. 공준과 공리를 묶어 그냥 공리라고 한다. 그러니『원론』은 크게 세 부분으로 구성된 셈이다. 정의-공리-정리. 공리라는 것이 새롭게 등장했다.

정의는 용어의 뜻을 밝혀주는 것이다. 점, 선, 면으로부터 시작해 23개의 정의가 제시되어 있다. 정리는 증명된 사실이다. 1권에는 총 48개의 정리가 있다. 각 정리마다 증명의 세부 과정이 제시되어 있다. 맨 마지막 정리는 그 유명한 피타고라스의 정리(정리47)와 그 역(정리48)이다.

정의와 정리 사이에 공리가 있다. 확실한 사실이라는 점에서 공리는 정리와 같다. 차이가 있다면 공리에는 증명이 없다. 공리는 증명 없이도 확실하다고 인정을 받는다. 왜? 증명이 필요 없을 정도로 너무나 당연한 사실이니까! 사람은 죽는다는 사실처럼 증명이 없어도 누구나 인정할 정도로 확실한 게 공리다.

유클리드는 열 개의 공리를 제시했다. 작도와 관련된 공리가 다섯 개, 정리를 유도할 때 사용하는 공리가 다섯 개다. 직선이나 원을 그을 수 있고, 전체가 부분보다 크다는 수준의 사실이다. 공리의 발견과 공식화는 유클리드가 얼마나 엄밀하게 그리고 솔직하게 공부했는가를 보여준다. 증명의 저 밑바닥까지 다다라야 볼 수 있는 게 공리다. 자세한 내막은 11장에서 살펴보겠다.

『원론』은 정의-공리-정리로 구성되어 있다. 이것이 논증의 체계다. 논증이라는 아이디어가 나온 후 이 체계를 갖추기까지 300년 정도 걸렸다.

'정의-공리-정리'는 팔과 다리처럼 유기적으로 연결되어 있다. 그냥 섞여 있는 혼합물이 아니다. 화합물처럼 전체가 얽혀 하나로서 작용한다. 전체가 하나를 이루는 그 통일성이 『원론』의 핵심이다.

『원론』에서 제시하려는 사실은 정리다. 그런데 정리는 스스로 증명되지 않는다. 다른 사실의 도움이 있어야 한다. 그 원초적 사실이 바로 공리다. 공리가 있기에 정리가 존재할 수 있다. 정의는 그 공리와 정리를 받쳐주는 토대다. 정의가 있기에 공리와 정리가 존재한다.

하지만 정의와 공리의 세부 내용은 정리에 따라 결정된다. 어떤 정의나 공리를 사용할 것인가는 어떤 정리를 증명할 것인가에 의해 좌우된다. 형식은 분리되어 있지만 내용은 긴밀히 얽히고설켜 있다.

삶은 생존을 위한 경쟁과 투쟁, 싸움에 기반한다는 이론이 있다.

그런데 진화의 부분적 면모를 보면 완전히 다르기 때문에 흥미롭다.

경쟁이 아닌, 기하에 있는 요소들처럼 협동에 기반을 두고 있다.

There's a theory that says that life is based on a competition

and the struggle and the fight for survival, and it's interesting

because when you look at the fractal character of evolution,

it's totally different.

It's based on cooperation among the elements in the geometry

and not competition.

—

생물학자, 브루스 립튼(Bruce Lipton, 1944~)

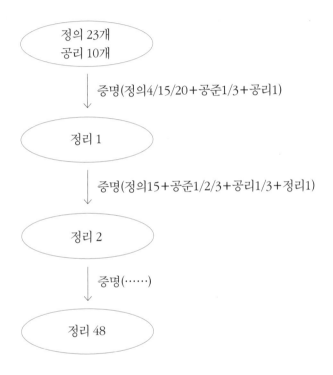

순서는 『원론』의 전개 규칙이다. 정의, 공리, 정리라는 배치
만이 아니다. 각각의 내용도 순서를 따라 배열되어 있다. 종이접

기의 순서와 비슷하다. 순서가 어긋나면 종이학은 만들어지지 않는다. 정리는 특히 그렇다.

정리의 배치 순서를 결정하는 건 맨 마지막 정리다. 마지막 정리의 증명을 위해 그 앞의 정리들이 순서대로 배치되어 있다. 무엇을 만들 것인가에 따라 종이접기의 순서가 결정되는 것과 같다. 가장 단순한 것에서 시작해, 가장 복잡한 것으로 끝난다. 『원론』 1권의 마지막은 피타고라스 정리였다. 그 정리를 증명해내기 위해 1권의 순서가 결정되었다.

정리1은 '정삼각형을 작도할 수 있다'는 것이다. '정의4/15/20, 공준1/3, 공리1'만을 이용해서 증명되었다. 정의와 공리만을 사용했으니 정리1은 옳다. 정리1은 곧바로 활용된다. 정의15, 공준1/2/3, 공리1/3에다가 정리1을 더해 정리2가 증명된다. 그러니 정리2도 옳다. 정리2는 또 정리3의 증명에 활용된다. 정리는 이런 식으로 이어져 피타고라스 정리에서 끝난다.

기하를 비난할 수는 없다. 결코 틀리지 않으니.

You can't criticize geometry. It's never wrong.

—

그래픽 디자이너, 폴 랜드(Paul Rand, 1914~1996)

07

도형을 수식으로
바꿔 푸는
기하로!

17세기 전후 서양에서 중세는 가고 근대의 새 바람이 불어왔다. 기하에도 변화의 바람이 일어났다. 새 시대의 감각에 어울리는 기하, 시대의 필요를 충족시켜줄 기하가 필요했다. 2000년 전의 유클리드기하가 아닌 새 기하가 필요했다.

복잡한 모양과 변화를 다룰,
새 기하가 필요했다

데카르트는 근대 철학의 문을 열었다. 그러는 과정에서 근대 수학의 문까지 열어버렸다. 새 기하를 만들었다. 그만의 공은 아니었지만, 그 변화를 상징하는 사람으로 여겨진다. 새 기하를 데카르트기하라고 말할 정도다.

데카르트가 살던 17세기는 근대 과학이 발전해가던 시절이다. 코페르니쿠스나 갈릴레이, 케플러 같은 선구자들은 물체와 천체의 운동을 수학적으로 탐구했다. 포물선이나 타원, 쌍곡선 같은 도형이 물리적 현상과 연결되며 다뤄졌다. 시간에 따른 물체의 위치 변화를 다루는 역학도 발전해갔다.

문제는 기하였다. 그때도 기하는 유클리드기하, 즉 논증기하였다. 유클리드기하는 당대 과학의 요구를 충족시키지 못했다. 다각형과 원만을 다룰 뿐 포물선이나 타원은 전혀 다루지 않았다. 또 운동이나 변화도 다루지 못했다. 삼각형이나 원 같은 도형을 다루되, 최종적이고 결과적인 모양만을 다뤘다. 과정과 변화는 제외되었다. 현실의 기하와 그 시대가 요구하는 기하 사이에는 엄청난 간격이 있었다.

그러나 데카르트는 유클리드가 형성해놓은 기하를 저버릴 수 없었다. 오히려 그는 기하를 꼭 활용해야 했다. 기하만이 근거가 확실하고 명증하다고 판단했기 때문이다. 올바른 추론을 통해 새로운 진리를 발견해내기 위해서는 기하의 체계적인 방법이 있어야만 했다. 기하의 장점을 물려받되 단점을 보완하자는 것이 데카르트의 선택이었다.

대수는 말로 된 기하에 지나지 않는다.

기하는 그림으로 된 대수에 불과하다.

Algebra is nothing more than geometry, in words;

geometry is nothing more than algebra, in pictures.

—

수학자, 소피 제르맹(Sophie Germain, 1776~1831)

도형을 수로,
모양을 언어로 바꾸다

데카르트는 다양한 모양을 탐구할 수 있는 기하, 운동과 변화도 포착할 수 있는 기하를 직접 만들고자 했다. 해답은 가까이에 있었다. 그건 대수, 즉 수였다.

대수는 수를 문자로 표기하여 문제를 푸는 수학의 분야다. 문자와 식, 식의 전개와 인수분해, 방정식, 함수 등이 해당된다. 모든 대상은 수나 문자, 즉 수식으로 표현된다. 그 수식을 이용해 문제를 푼다.

대수는 문제를 푸는 방법과 절차가 기계적으로 정해져 있다. 이차방정식은 근의 공식에 집어넣으면 다 풀린다. 데카르트가 보기에 대단한 장점이었다. 문제를 수식으로 바꿔놓기만 하면, 정해진 절차에 따라 문제를 풀어갈 수 있었다. 기호가 뭔지를 몰라도 된다. 일정한 규칙에 따라 기호만 조작하면 답이 나온다.

데카르트는 대수의 방법론을 기하에 적용하려 했다. 기하를 대수처럼 다루고 싶었다. 도형을 수로 바꿔야 했다. 그 수단이 좌표였다. 좌표를 설정하면 모든 점은 수로 바뀐다. 2차원 좌표에서 점은 (3, 4)처럼 순서쌍인 수로 바뀐다. 점만이 아니다. 직선

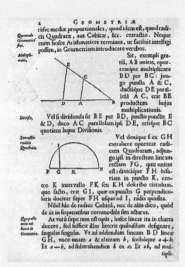

데카르트가 쓴 『기하학』 라틴어 버전의 일부.

길이의 제곱 역시 길이가 된다고 말한다.

제곱이나 세제곱, n제곱도 결국 같은 수일 뿐이다.

몇 제곱이냐를 신경 쓰지 않아도 된다.

이 발상의 전환이 해석기하의 탄생으로 이어졌다.

이나 원 같은 도형도 수식으로 바뀌어버린다. 데카르트가 간절히 원했던 바였다.

　직선과 원은 좌표를 통해 수나 수식이 되었다. 직선은 $y = ax + b$ 같은 일차식, 원은 $x^2 + y^2 = r^2$ 같은 이차식으로 바뀌었다. 삼각형 같은 도형은 직선 세 개가 만나는 도형이므로, 서로 다른 일차식 세 개를 이용해 표현될 수 있었다.

　도형을 수식으로 바꾸자 기하가 대수처럼 풀리기 시작했다. 길이는 두 점의 좌표에 피타고라스 정리를 적용하면 간단히 해결되었다. 점의 좌표만 알아낸다면 넓이 문제도 해결이 가능했다. 직선이나 원의 교점 문제는 방정식을 푸는 문제가 되었다. 기하의 어려운 문제들이 대수의 기계적인 방법으로 풀렸다.

　좌표는 직선과 원이 아닌 도형도 등장시켰다. 모든 수식은 좌표 위의 점으로 찍히면서 도형이 되었다. 어떤 수식이든 도형이 되어버렸다. 다양한 수식이 다양한 도형으로 표현되면서 직선과 원이 아닌 도형도 등장했다. 데카르트는 당대의 과학이 요구하던 도형인 타원, 쌍곡선, 포물선의 수식을 제시했다.

　운동과 변화의 문제도 좌표로 말끔하게 해결되었다. 좌표를 이용하면 도형은 점의 이동이었다. $y = 2x$라는 직선은 $(0, 0)$으로부터 일정한 기울기를 유지하면서 이동하는 점들이 된다. 그 점들이 이동하면서 직선을 만들어낸다. 점의 이동은 물체의 시간에 따른 변화나 위치에 따른 속도 변화를 표현할 수 있었다. 운동과 변화를 포착하게 되었다.

기하에 좌표를 도입하자 도형을 수로 바꿔 접근하는 새로운 기하가 만들어졌다. 그 기하를 해석기하라고 한다. 모양이 수나 수식, 즉 언어로 치환된 기하였다.

좌표의 등장,
기하의 모양이 바뀌다

　해석기하의 등장으로 유클리드기하는 이제 옛날의 기하가 되었다. 수를 활용한 새 기하, 운동과 변화를 다룰 수 있는 근대적인 기하가 등장했다. 우리에게 익숙한 기하다. 고등학교에서 배우는 기하이기도 하다. 근대라는 새 시대에 맞는 새 수학이었다.

　분리되어 있던 대수와 기하는 이제 연결되었다. 좌표라는 다리를 통해서다. 대수와 기하는 상호 전환이 가능했다. 하지만 이 전환을 통해 기하는 갈수록 대수처럼 변해갔다. 추상화되고 기호화되었다.

　현대에 들어서는 기하가 대수로 변하는 경향이 더 거세어졌다. 모든 걸 수로 받아들이는 컴퓨터 때문이다. 컴퓨터를 활용하기 위해서는 모양이 수나 기호가 되어야 했다. 기하뿐만 아니라 다른 대상들도 대수의 모양새로 바뀌고 있다.

대수와 기하가 별개의 길을 따라 진행되는 한

진보는 더디고 응용은 제한적이었다.

그러나 이들 과학이 합쳐졌을 때,

그 둘은 서로에게서 신선한 활력을 얻고

완전함을 향해 빠른 속도로 전진했다.

As long as algebra and geometry proceeded along separate paths,

their advance was slow and their applications limited.

But when these sciences joined company,

they drew from each other fresh vitality and

thenceforward marched on at a rapid pace toward perfection.

—

수학자, 조제프루이 라그랑주(Joseph-Louis Lagrange, 1736~1813)

08

공간의
모양까지
다루는 기하로!

데카르트는 근대에 어울리는 새 기하를 제시했다. 유클리드기하와는 차원이 다른 시대가 열린 듯 했다. 그러나 데카르트 또한 유클리드가 지녔던 한계를 벗어나지 못했다는 사실이 밝혀진다. 19세기에 일어난 일이다. 유클리드기하를 옭아 매고 있던 근본적인 토대가 밝혀진다. 그 사건으로 기하는 공간과 마주치게 된다.

>

공간과 기하의 마주침, 그 기원은 2000년 전으로 거슬러 올라간다. 유클리드가 제시한 평행선 공리가 발단이었다. 평행선을 하나만 그을 수 있다는 공리 말이다. 원문은 이렇다.

"두 개의 직선 위에 한 직선이 만나 어느 한쪽의 두 내각의 합이 직각 두 개(180도)보다 작다고 하자. 두 직선을 무한히 연장하면 두 내각의 합이 직각 두 개보다 작은 쪽에서 두 직선은 만난다."

평행선 공리는 예전부터 논란거리였다. 공리가 아닌 정리일 것 같다는 이유에서였다. 표현마저 길고 복잡해, 단순 명쾌하다는 공리의 이미지에 어울리지 않았다. 비판적인 사람들은 이 공리를 유클리드의 실수일 것으로 의심했다. 공리가 아니라 정리라는 걸 증명해 보이려 했다. 그러나 누구도 평행선 공리가 정리라는 걸 증명하지 못했다.

제시되었던 증명은 모두 평행선 공리를 전제로 한 증명이었다. 평행선 공리를 전제로 해서, 평행선 공리를 증명한 잘못된 증명이었다.

평행선의 개수가
1개가 아니라면?

〈

    17세기 이탈리아에서 중요한 변화가 발생했다. 이전과는 다른 관점에서 평행선 공리를 증명해보려 했다. 평행선이 하나가 아닌 경우를 생각해봤다. 평행선이 하나가 아니라는 가정이 틀렸다는 걸 보이려 했다. 그렇게 되면 평행선은 하나여야 했다. 귀류법을 통해서 증명하고자 했다.

    이 방법을 시도한 사람들은 평행선의 개수는 당연히 하나일 것이라고 생각했다. 평행선이 하나가 아니라는 가정이 틀렸다는 걸 쉽게 증명할 수 있을 것이라고 추측했다. 평행선이 0개이거나 2개 이상인 경우에서 모순을 발견하려 했다. 그런데 모순을 증명할 수 없었다. 이러지도 저러지도 못했다.

평행선의 개수는
하나가 아니어도 괜찮다

$>$

19세기에 이르러서 몇 명의 수학자들이 평행선 공리에 대한 결론을 제시했다. 그들은 평행선 공리를 부정한 결과가 결코 모순되지 않는다는 것을 증명했다. 평행선이 하나가 아닌 경우에도 기하가 가능하다는 것이었다.

평행선의 개수는 꼭 하나여야만 하는 게 아니었다. 0개일 수도, 1개일 수도, 2개 이상일 수도 있었다. 달리 말하면, 삼각형의 내각의 합은 꼭 180도만이 아니었다. 180도보다 큰 경우도, 작은 경우도 가능했다. 각 경우마다 모순은커녕 다른 기하가 가능했다.

결론은 수학자들에게도 당황스러웠다. 일찌감치 이 결론을 알아내고도 가우스 같은 저명한 수학자가 발표하지 않은 이유였다. 논란만 불러일으킬 게 뻔해 보였다. 그러나 수학자들은 결국 결론 그대로를 인정하고 발표하기에 이르렀다. 더뎠지만 그 결론을 수용해갔다.

하나의 기하는 다른 기하보다 더 참일 수 없다.

단지 더 편리할 뿐이다.

One geometry cannot be more true than another;

it can only be more convenient.

—

수학자, 앙리 푸앵카레(Henri Poincare, 1854~1912)

>

평행선이 하나인 세계는 경험 가능했다. 현실의 세계가 바로 그런 곳이었다. 책상의 종이 위에서 평행선을 그어보면 개수는 하나다. 그럼 평행선이 하나가 아닌 경우는 어떤 세계일까? 이 지점에서 공간이 개입한다.

평행선의 개수는 공간과 관련이 있었다. 어떤 공간이냐에 따라 평행선의 개수는 달라졌다. 평행선이 하나인 경우는, 평평한 공간에서의 기하였다. 평평하지 않은 공간에서는 평행선의 개수

	공간의 모양		
	볼록한 공간	오목한 공간	평평한 공간
평행선의 개수	0	2개 이상	1개
삼각형의 내각의 합	180도보다 크다	180도보다 작다	180도

가 하나가 아니었다. 평행선이 없거나 2개 이상일 수 있었다. 평행선이 하나도 없는 경우는 지구처럼 볼록한 공간에서였다. 반대로 오목한 공간에서는 평행선의 개수가 2개 이상이었다.

공간의 모양에 따라 평행선의 개수는 달라졌다. 드디어 기하는 공간과 만났다. 19세기 이전 기하는 일상적인 공간에 국한되어 있었다. 그러면서 그 사실을 깨닫지 못했다. 이제 다른 공간이 언급되면서 유클리드기하가 아닌 비유클리드기하가 등장했다.

공간이 달라지면
모양도 기하도 달라진다

유클리드기하가 아닌 기하를 수학자들은 비유클리드기하라고 불렀다. 그러다 무엇이 아니라는 식의 비유클리드기하는 수학자 리만을 통해 긍정적인 형태의 기하로 정리되었다. 곡률이라는 개념을 통해 기하는 분류되었다. 공간의 휘어진 정도가 기준이었다.

유클리드기하는 곡률이 0인 기하였다. 리만은 곡률이 0보다 큰 기하를 타원기하, 곡률이 0보다 작은 기하를 쌍곡기하라고 했다. 타원기하는 평행선이 하나도 존재하지 않는 기하이고, 쌍곡기하는 평행선이 여러 개 존재하는 기하였다.

리만은 기하를 현실적인 공간에서 분리했다. 기하가 현실적인 공간만 다룰 필요는 없었다. 논리적으로 가능하다면 어떤 기하학도 가능했다. 수학은 현실의 울타리를 벗어나게 되었다. 리만은 공간뿐만 아니라 공간의 차원도 확장했다. 3차원 공간을 벗어나 무한차원까지 뻗어갈 수 있는 이론적 토대를 제공했다.

기하는 인간에 의해 만들어진 것처럼 보이는 지식이다.

그러나 그 의미는 인간과 완전히 독립적이다.

Geometry is knowledge that appears to be produced

by human beings, yet whose meaning is totally independent of them.

—

학자, 루돌프 슈타이너(Rudolf Steiner, 1861~1925)

공간,
기하의 대상이 되다!

>

공간에도 모양이 있다. 이제 모양은 공간에도 적용이 된다. 모양과 공간이 연결되면서 어떤 공간인가를 파악해야 했다. 공간에 속해 있더라도 어떤 공간인지를 파악할 수 있는 단서가 필요했다. 그때 유용한 것이 거리 개념이다. 거리를 측정하고, 거리와 거리 사이의 관계를 비교해보면 어떤 공간인지가 보인다.

피타고라스 정리는 평평한 공간에서 성립한다. 다른 공간에서는 성립하지 않는다. 이 사실을 역으로 이용하면 공간의 모양을 짐작하는 지표로 삼을 수 있다. 직각삼각형에 해당하는 세 점을 찍고, 각 점 간의 거리를 측정한다. 빗변의 길이의 제곱이, 나머지 두 변의 길이의 제곱의 합과 어떤 관계인가를 파악한다. 빗변의 길이의 제곱이 더 크면 지구처럼 볼록한 공간이다. 지구 위의 직각삼각형은 피타고라스 정리가 성립되지 않는다.

기하는 공간에도 모양이 있다는 사실을 밝혀냈다. 기하는 공간까지 확장되었다. 기하의 추론을 통해서였다. 어떤 모양인지까지도 추론해낼 수 있다. 대단한 기하 아닌가!

3부

기하,
어떻게 공부할까?

09

왜 '기하'라고
했을까?

'기하'라는 말이 수학 외에서 쓰이는 경우가 있던
가? 사전에 몇 가지 경우가 있지만 일상에서는
거의 쓰지 않는다. 수학의 기하라는 말로만 활
용된다. 그토록 친숙하지 않은 말을 써서 기하
라고 한다. 도형을 다루는 수학을 왜 '기하'라고
부를까?

>

기하는 영어 geometry를 중국말로 번역한 말이다. 1607년에 명나라 때의 학자인 서광계가 유클리드의 『원론』을 번역하면서 사용했다. geometry는 geo와 metry의 합성어다. geo는 '땅', metry는 '측량(measure)'을 의미한다. 새끼줄 같은 도구를 이용해 땅의 길이와 넓이를 측량한다는 의미를 담고 있다.

서광계는 중국의 국립 아카데미에 해당하는 한림원의 학사였다. 그는 선교사를 만나 천주교를 접했고 세례까지 받았다. 그 선교사가 마테오 리치다. 이 만남을 통해 서광계는 서양의 학문을 접했다. 두 사람은 유클리드의 『원론』을 번역하는 일에 착수했다. 그때 geometry의 번역어로 기하(幾何)를 선택했다.

기하라는 말이 선택된 이유는 발음 때문이라고 한다. 기하의 중국어 발음은 '지허(Jǐhé)'다. geometry의 geo와 발음이 비슷하다. 그래서 발음이 유사해 기하가 선택되었다고 말한다. 발음이 유사하면 사용이 더 편리하니까.

그러나 다른 주장도 있다. 서광계와 마테오 리치가 처음에는 기하를 geometry가 아닌 다른 말에 대한 번역어로 생각했다고

마테오 리치와 서광계의 모습이다.

『기하원본』에 나오는 삽화이다.

그림처럼 그들은 협력하여 일을 추진했다.

『원론』을 번역해 『기하원본』을 발간했다.

마테오 리치가 구술하고, 서광계가 그걸 기록했다고 한다.

한다. 수학의 한 분야인 기하가 아니라, 산술과 기하를 아우르는 수학이라는 뜻의 마테마티카(mathematica)를 기하라고 이름 붙였다(안상현, 『뉴턴의 프린키피아』, 동아시아, 2020, 22쪽 참고). 그랬던 기하가 후대에 가서 수학의 한 분야인 기하를 뜻하는 말로 쓰였다. 발음이 비슷해서 geometry를 기하라고 한 게 아니다.

수학이라는 말의 번역어였다가, 수학의 한 분야인 geometry의 번역어로 달리 사용되었다는 주장은 기하의 뜻을 고려하면 일리가 있다. 기하는 새로 만들어낸 말이 아니다. geometry를 번역하기 전부터 사용되던 말이다. 그 뜻은 '얼마'였다. 잘 모르는 수량이나 정도를 나타낼 때 쓰는 말이었다. '넓이가 얼마냐?', 'x의 값은 얼마냐?'고 할 때의 '얼마'가 기하였다. 『구장산술』에서도 분야를 가르지 않고 기하라는 말이 사용되었다. 뜻으로만 보자면 수학 일반과 더 관련되어 있어 수학의 번역어로 더 적절해 보인다.

10

기하를
어려워하는
이유

(유클리드)기하는 어렵다. 오죽했으면 기하를 공부하던 왕이 더 쉬운 방법이 없느냐며 푸념했겠는가! 왕을 가르치던 최고의 선생도 별다른 방법이 없다고 했다는 것을 보면. 어려운 건 어쩔 수 없었나 보다. 어렵다고 할 때의 기하는 주로 유클리드기하를 말한다. 논증기하 말이다. 그 기하는 왜 어려울까?

도형을
상상하기가 어렵다

>

기하의 대상은 눈에 보이는 도형이다. 추상적인 수에 비해서 다루기가 더 수월할 것 같다. 하지만 구체적인 문제로 들어가면 상황은 딴판이다. 눈으로 보기보다는 머리로 봐야 하는 경우가 많다. 상상의 나래를 펼치기가 만만치 않다.

평면도형 자체는 한눈에 들어온다. 그래도 평행이동이나 대칭, 회전이동 같은 경우는 상상력을 발휘해야 한다. 유클리드의 피타고라스 정리 증명에서도 회전이동으로 두 삼각형의 합동을 증명한다. 그런데 막상 해볼라치면 쉽지 않다. 머리가 돌아가는 게 아니라 몸이 돌아간다.

입체도형으로 넘어가면 난이도는 급상승한다. 다면체의 대각선이나 꼭짓점, 면을 생각해보라. 전개도를 그려보라. 막막하다. 다면체를 실제 보더라도 안 보이는 부분은 여전히 막막하다. 눈이 대여섯 개는 있어야 할 것 같다. 판화가 M. C. 에서처럼 3차원 도형을 상상하는 데 특별한 재능이 있는 사람이 아니고서는 힘들다.

〈중력(Gravitation)〉, M. C. 에셔, 1952년작

〈별(Stars)〉, M. C. 에셔, 1948년작

판화가 에셔의 작품.

입체도형과 기괴한 생명체가 이리저리 섞여 있다.

실제를 보고 그린 것 같다. 상상력이 끝내준다.

>

기하는 해법을 찾기도 어렵다. 문제를 어떤 식으로 풀어가야 할지 예측할 수가 없다. 유형이랄 게 없다. 같은 삼각형이라고 해서, 같은 성격의 문제라고 해서 해법의 유형이 같지 않다. 문제를 만날 때마다 해법도 새로 찾아야 한다. 방정식이나 함수처럼 유형별로 문제가 존재하지 않는다.

같은 삼각형이더라도 넓이를 구할 때, 내각의 합을 구할 때, 무게중심을 구할 때의 해법이 다 다르다. 원주율을 구하는 해법과 원의 넓이를 구하는 해법도 다르다. 원에 관한 각종 정리 역시 해법이 천차만별이다. 몇 가지 유형 안에 문제가 있는 게 아니라, 문제 하나하나가 유형이라고 봐야 할 정도다.

현대인에게
낯선 방식의 기하

유클리드기하는 2,300년 전에 형성되었다. 그걸 지금도 배우고 있다. 우리나라로 치면 고조선 시대의 학문이다. 오래전 학문인 만큼 그 방식이 우리에게 익숙하지 않다.

지금 우리는 수 위주의 수학을 한다. 수와 문자로 표현하고 풀어간다. 기하의 문제를 푸는 과정에서도 수와 문자를 많이 사용한다. 도형으로 시작했다가 수로 끝난다. 현대의 기하 논문에서는 도형이 거의 보이지 않는다고 할 정도다. 개념화되고 기호화되고 추상화되어서 그렇다.

그런데 유클리드기하는 선분 위주의 수학이다. 수는 선분, 넓이는 직사각형이었다. $a^2+b^2=c^2$라는 수식으로 알고 있는 피타고라스 정리, 당대에 정사각형의 넓이 관계를 의미했다. 지금과는 달랐다. 선분을 이용해 덧셈과 뺄셈뿐만 아니라 곱셈과 나눗셈도 했다. 이차방정식도 기하로 해결했다. 그런 수학이 존재할 수 있을까 싶다. 어렵게 느껴지는 게 자연스럽다.

나는 손톱 물어뜯는 것을 멈출 수가 없다. 나의 나쁜 습관이다.

나는 수학이나 숫자와 관련된 어떤 것이든 좋아한다.

많은 사람이 기하를 좋아하지 않는다는 것을 나는 안다.

하지만 나는 기하가 재미있다.

I can't stop biting my nails. It's a bad habit of mine.

I like anything to do with math and numbers.

I know a lot of people don't like geometry, but for me it's fun.

—

배우, 클레오(Khleo, 1989~)

특별한 사고방식이 필요한 증명,
뇌도 기하가 어렵다

증명은 어렵다. 왜 그럴까? 자연스럽지 않기 때문이다. 우리의 일상은 숨 가쁘게 돌아간다. 물건을 구입하고, 사람을 만나고, 투표를 하고, 여행을 간다. 그럴 때 증명을 요구하는 경우는 드물다. 신분 증명이나 법정 다툼 같은 특별한 경우에만 증명을 요구한다. (그럴 때면 참 짜증이 난다.) 약속된 규칙이나 규범에 따라 일상은 거의 자동으로 돌아간다.

배움에서도 증명은 일상적이지 않다. 이때 우리는 그저 받아들이는 경우가 다반사다. 배우기에도 바빠서 특별한 경우가 아니라면 증명해보지 않는다. 오히려 경험을 통한 지식이 살아 있는 지식이라고 말하는 경우가 많다. 대부분 경험을 근거로 자신의 관점을 형성한다. 여간해서는 증명을 통해 검증해보지 않는다.

일상에서 우리는 증명에 익숙하지 않다. '왜?'라는 질문을 썩 달가워하지 않는다. 유년기 시절 한때만 '왜'라는 질문을 달고 살 뿐이다. '왜'라는 질문보다는 '어떻게'가 더 익숙하다. '왜'로 시작되는 증명은 그 자체로 어려울 수밖에 없다.

증명이 어려운 이유는 근본적으로 우리의 뇌에 있다. 뇌가 증명을 자연스러워하지 않는다. 뇌가 있어 증명할 수 있는 건 맞다. 하지만 뇌 역시 증명을 어려워한다. 증명의 뇌는 요술램프의 지니처럼 특별한 순간에만 튀어나온다. 목청 높여 불러내야만 한다.

우리의 뇌는 증명을 해내지만 증명에 특화된 기관은 아니다. 생존과 번식이 뇌의 일차적이고 궁극적인 목적이다. 그 목적하에서 정보를 수집하고 재구성해 판단을 내린다. 이때 뇌는 대부분의 상황에서 즉각적이고 신속하게 판단을 내린다. 직감적으로 신속히 판단한다. 그 직감의 근거는 과거의 경험적 데이터다. 새로운 정보를 과거의 데이터에 견주어서 해석한다. 그 해석이 직감의 형태로 나타난다.

뇌 역시 평상시에는 경험을 근거로 판단한다. 도형처럼 생각하지 기하처럼 생각하지 않는다. 통계적으로 판단하지 증명을 통해 판단하지 않는다. 증명의 사고는 특별한 경우에만 의도적으로 발휘된다. 기존의 데이터로는 도저히 해석하지 못할 때 그렇다. 그럴 때를 위해 대뇌피질 같은 특별한 부위를 발전시켰다.

증명은 우리의 뇌 입장에서도 피하고 싶은 특별한 활동이다. 일상적이고 자연스러운 경우라면 증명은 가볍게 생략된다. 애써 증명하려 하지 않는다. 비상시가 되어야 작동하는 특별한 시스템이다. 힘을 들여야만 증명하는 뇌가 작동한다. 그래서 증명은 힘들다.

11

증명에도
요령이 있다!

증명에 익숙해지려면 뇌가 증명에 익숙해져야 한다. 방법은 있다. 뇌는 이야기를 좋아한다. 모든 것을 이야기로 받아들인다. 친숙해지면 뇌는 그 이야기를 자연스럽게 받아들인다. 증명에 대한 이야기, 증명하는 방법에 대한 이야기에 익숙해지면 된다. 우리의 뇌에 증명의 이야기를 들려주자.

증명,
자명이 아니라 타명이다

>

증명에는 근거가 필요하다. 근거라는 도미노가 있어야, 증명이라는 도미노를 쓰러뜨릴 수 있다. 그러니 증명은 자명한 게 아니다. 스스로가 스스로를 증명할 수는 없다. 다른 근거를 통해 명확해진다는 뜻에서 증명은 '타명'이다. 나의 주장을 정당화해줄 타자가 필요하다. 증명을 하려 하는가? 증명을 보증해줄 타자를 추적하라.

논증 기하에서 채택하는 근거는 사실이다. 다른 사실을 근거로 주장하고자 하는 사실을 증명한다. 근거이니만큼 그 사실은 확실해야 한다. 근거는 주장보다 더 일반적이고 근본적이어야 한다. 근거로부터 주장을 이끌어내야 하기 때문이다. 사과가 떨어지는 이유는 중력이라는 일반적인 사실 때문이다. 증명하고자 하는 주장은 가지요 증명의 근거는 뿌리다.

증명,
먼저 근거를 찾아 내려가라

오각형의 내각의 합을 증명해보자. 증명해줄 다른 사실이 필요하다. 임의의 오각형에 다 적용될 수 있는 사실이어야 한다. 한꺼번에 구할 수 없으니 삼각형으로 쪼개보자. 오각형은 삼각형 세 개로 분할된다. 삼각형 세 개의 내각을 모두 더하면 오각형의 내각의 합이 된다. 이제 삼각형 하나의 내각의 합만 알면 된다. 그런데 삼각형의 내각의 합은 180도이다. 그러면 다 됐다.

오각형의 내각의 합을 증명하기 위해 근거를 더듬어 내려갔다. 더듬어간 순서를 정리해보자. ①의 근거로 ②를, ②의 근거로 ③을 찾아냈다.

〈근거 추적의 순서〉

①		②		③
오각형	→	삼각형 하나의	→	삼각형 하나의
내각의 합		내각의 합의 세 배다.		내각의 합은 180도이다.

실제 증명,
근거부터 올라와라

>

실제 증명에서는 근거가 먼저 제시돼야 한다. 그래야 그 근거를 통해 주장을 증명할 수 있다. ①에는 ②가 먼저 있어야 한다. 또한 ②에는 ③이 먼저 제시되어야 한다. 실제 증명은 ③, ②, ① 순으로 진행된다. 그래야 주장이 타당해진다. (교과서에서는 증명의 순서를 고려하되 하나의 스토리를 만들어 제시한다.)

〈증명의 순서〉

③	②	①
삼각형의 내각의 합은 180도이다.	→ 오각형의 내각의 합은 삼각형 세 개의 내각의 합과 같다.	→ 오각형 내각의 합은 540도이다.

근거를 계속
찾을 수 있을까?

오각형의 내각의 합에 대한 증명의 시작은, 삼각형의 내각의
합은 180도라는 사실이다. 우리는 그 사실을 너무 잘 알고 있다.
그래도 그 사실 또한 다른 사실을 근거로 증명되어야 한다. 그 근
거는 평행선의 엇각이 같다는 사실이다. 증명은 아래와 같다.

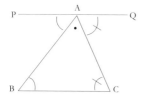

△ABC의 꼭지점 A를 지나고 변 BC에
평행한 직선 PQ를 긋는다.

∠B=∠PAB, ∠C=∠QAC(엇각)

$$\therefore \angle A + \angle B + \angle C$$
$$= \angle A + \angle PAB + \angle QAC$$
$$= 180°$$

그런데 평행선의 엇각이 같다는 사실에도 근거가 있어야 한
다. 그 근거는 평행선을 그을 수 있다는 사실이다. 좁혀 말한다면
평행선 하나를 그을 수 있다는 것이다. 평행선이 두 개라면 증명
은 성립하지 않는다.

그럼 평행선을 하나 그을 수 있다는 것은 어떻게 증명할까?

놀랍게도 그 사실은 아직도 증명되지 않고 있다. 증명을 제시하지 못했다. 어, 문제 아닌가? 증명되지 않은 사실을 근거로 삼았으니 말이다. 평행선의 엇각도, 삼각형의 내각의 합도, 오각형의 내각의 합도 불확실해진다.

증명에서는 누군가를 호출해야만 한다. 타자 없이는 존재할 수 없는 증명의 슬픈 운명이다. 또 다른 타자를 계속 불러내야 한다. 이 연쇄가 계속될 수 있을까? 그럴 수 없다. 첫 도미노만큼은 사람이 넘어뜨려야 한다. 그렇듯이 증명에도 결국 증명할 수 없는 사실이 있어야만 한다.

공리가
있어야만 한다

〈

　기하의 추론은 모순적인 상황에 빠진다. 다른 사실을 통해 증명해가는 게 원칙이지만, 다른 사실 없이도 확실하다 할 수 있는 사실이 있어야 한다. 그래야 그 사실을 근거로 해서 증명의 배가 출항한다. 그런 사실을 공리라고 한다. 독특한 사실이어서 특별한 명칭과 지위를 부여한다.

　공리란 증명이 필요 없는 사실이다. 형식적인 이유는 증명이 필요 없을 정도로 확실한 사실이라는 것이다. 모든 사람은 죽는다는 사실처럼 말이다. 하지만 속사정은 좀 복잡하다. 증명 없이도 확실한 사실이 있어야 하기 때문이다. 공리를 인정해야 증명의 연쇄에서 발생하는 문제점이 말끔히(?) 해결된다.

　공리가 없다면 증명을 시작할 수 없다. 증명을 하려면 공리를 먼저 제시해야 한다. 공리는 자신의 주장을 전개해가는 출발점이자 전제조건이다. 인정해주고 수용해달라는 요청이다.

기하는 산술과 마찬가지로 그 논리적 발전을 위해

단지 소수의 단순하고 근본적인 원리만을 요구한다.

이러한 근본 원리를 기하의 공리라고 한다.

Geometry, like arithmetic, requires for its logical development

only a small number of simple, fundamental principles.

These fundamental principles are called the axioms of geometry.

—

수학자, 데이비드 힐베르트(David Hilbert, 1862~1943)

증명을 찾아가는 과정과
증명의 제시 과정은 반대다

<

증명, 시작이 어렵다. 어디서 시작해야 할지 난감하다. 시작을 고민하기 시작하면 증명은 어려워진다. 너무 막연해 시작할 엄두가 나지 않는다. 실제로도 증명은 그렇게 하지 않는다.

증명은 처음 맛보는 음식의 레시피를 만들어보는 것과 같다. 음식을 눈과 코, 혀로 맛본다. 음식으로부터 출발한다. 어떤 재료가 어떤 조리 과정을 거쳤을지 짐작해본다. 직접 해보면서 조리 과정을 수정해간다. 다 되었다 싶으면 펜을 들고 레시피를 작성한다. 재료부터 조리 과정을 앞에서부터 차근차근 정리한다.

증명은 추적 단계와 제시 단계로 구성된다. 추적 단계에서는 증명을 재구성해본다. 출발점은 결과다. 강물을 거슬러 올라가는 연어처럼, 결과를 보고 원인을 추적한다. 의심할 바 없이 완벽한 추리가 완성될 때까지 추적한다. 그때에 비로소 제시 단계에 들어간다. 앞에서 뒤로 증명을 순서대로 제시한다.

정리도
증명의 출발점이다

>

원론적으로 증명은 공리로부터 시작된다. 유클리드도 그렇게 했다. 하지만 증명마다 공리로부터 시작한다면 증명은 굉장히 길어질 것이다. 오각형의 내각의 합을 증명하자고 평행선 공리부터 시작할 수는 없다. 대책이 필요하다.

'정리'라는 게 바로 대책이다. 정리란 증명된 사실이다. 공리는 아니지만 공리와 똑같이 확실한 사실로 인정받는다. 고로 정리로부터 증명을 시작해도 된다. 교과서에서 보는 증명들은 대부분 정리를 근거로 사용한다. 그래서 어떤 사실이 정리인지 아닌지를 확실히 알아둬야 한다.

'정리'라는 자격은 인증마크다. 엄밀한 검증을 통해 인정받은 증명에 대해서만 정리라고 한다. 군이 증명해보지 않아도 된다. 아무리 확실해 보여도 증명이 안 되었으면 '추측'이라고 한다. 푸앵카레의 추측은 백 년 이상 추측이었다. 21세기 들어 증명되자 푸앵카레의 정리로 불린다.

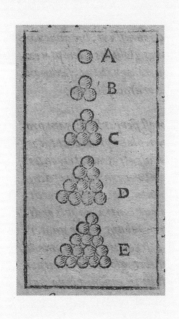

요하네스 케플러가 1611년에 쓴 책

『육각형 눈송이에 관하여(de Nive Sexangula)』에 나온 그림이다.

공을 가장 많을 쌓을 수 있는 방법을 묻는다.

문제가 풀리지 않아 오랫동안 '케플러의 추측'으로 불렸다.

2017년에 증명이 제시되면서 '케플러의 정리'가 되었다.

확실한 사실로 인정받았다.

연역법,
수학적 귀납법

>

수학의 증명법은 연역법이다. 이 연역법에는 몇 가지 종류가 있다.

첫째는 말 그대로의 연역법이다. 관련된 공리나 정리로부터 증명하고자 하는 주장을 이끌어내는 증명법이다. 평행선을 그어 삼각형의 합이 얼마인가를 직접 보여준다. p로부터 q를 바로 이끌어내는 직접 증명법이다. $p \rightarrow q$.

수학적 귀납법도 있다. 수학에서는 인정해주지 않는 귀납법이라는 말이 들어가 있다. 그런데도 수학의 증명법으로 사용된다. 자연수를 대상으로 성립하는 어떤 사실을 증명할 때 주로 사용된다. 어떤 자연수에 대해서도 성립한다는 것을 보임으로써 증명한다. 구체적인 사례를 통해 일반적인 사실을 이끌어내니 귀납법이다.

1부터 자연수 n까지의 합을 나타내는 공식은 $S = n(n+1)/2$ 다. 먼저 n=1일 때 공식이 성립한다는 것을 보인다. 그리고 n=k 인 경우에도 성립한다고 가정한 후 k+1일 때도 성립한다는 걸 이끌어낸다. k는 임의의 수이므로 어떤 자연수에 대해서도 성립한다는 걸 증명한 것이다.

겉으로만 보자면 수학적 귀납법은 귀납적 추론이다. 그러나 수학적 귀납법 역시 연역법이다. 자연수에 대해 성립하는 성질이 공리로 전제돼 있다. 그 공리가 있기에 수학적 귀납법이 가능하다. 겉은 귀납법이지만 속은 연역법이다.

간접 증명법,
귀류법

>

귀류법이라는 증명법도 있다. 원하는 주장을 직접 보이지 않는다. 주장의 반대를 가정한다. $\sqrt{2}$가 무리수임을 보이기 위해, $\sqrt{2}$는 무리수가 아닌 유리수라고 가정한다. 그러고는 그 반대 가정에서 모순된 결론을 유도한다. 무엇 때문에 모순이 발생했을까? 그 반대 가정 때문이다. 고로 $\sqrt{2}$가 유리수라는 가정은 틀렸다. $\sqrt{2}$는 유리수가 아니므로 무리수여야 한다. 그런 식으로 원래의 주장을 간접적으로 증명한다.

제논의 역설이 귀류법의 유명한 사례다. 아킬레우스는 영원히 거북이를 따라잡을 수 없고, 화살은 결코 과녁에 닿을 수 없다는 역설이다. 제논은 그 역설을 시간과 공간을 무한히 분할할 수 있다는 가정에서 유도했다. 그런데 모순이 발생했다. 어찌 화살이 과녁에 닿지 않을 수 있겠는가? '시간과 공간을 분할할 수 있다'는 가정 때문이다. 고로 시간과 공간을 무한히 분할할 수는 없다! 이 결론이 제논이 제시하고픈 주장이었다.

귀류법을 이중으로 사용한 달인도 있다. 아르키메데스다. 그는 원의 넓이가 πr^2임을 이중귀류법으로 증명했다. 원의 넓이가

πr^2보다 크다고 가정한 후 모순을 유도했다. πr^2보다 작다고 가정한 후에도 모순을 유도했다. 원의 넓이는 πr^2보다 큰 것도 아니고, πr^2보다 작은 것도 아니다. 고로 원의 넓이는 πr^2이어야 했다.

귀류법은 연역법을 응용한 증명법이다. 명제는 참 아니면 거짓이라는 사실을 추가로 활용했다. 명제 p가 참이면 반대명제 ~p는 거짓이다. 명제가 거짓이면 반대 명제는 참이 된다. 귀류법은 p를 증명하기 위해 ~p를 가정한다. ~p이면 q여야 하는데 그렇지 않다. 그 모순된 결과는 ~p라는 가정 때문이다. ~p라는 가정이 잘못되었던 것이다. 고로~(~p), 즉 p이다. 연역법을 응용했다.

(어린 십 대일 때) 갈루아는 (르장드르의) 기하를
처음부터 끝까지 읽었다.
다른 소년들이 해적 이야기를 읽는 것처럼 쉽게 말이다.

[As a young teenager] Galois read [Legendre's] geometry
from cover to cover as easily as other boys read a pirate yarn.

—

수학자, 에릭 템플 벨(Eric Temple Bell, 1883~1960)

12

**기하 공부의
십계명**

어려운 기하라지만 조금이나마 쉽게 공부할 방법은 있다. 무작정 열심히 하는 것보다 요령을 알고 공부하는 게 좋다. 기하라는 학문의 특성과 체계 때문에 미리 알아두면 좋은 게 있다.

정의를
곧이곧대로 외우자

>

기하는 정의를 토대로 각종 정리를 이끌어낸다. 네 변이 모두 같은 사각형이라는 마름모의 정의부터, 마주보는 각이 같다는 성질이 증명된다. 고로 정의를 정확히 알아둬야 한다. 기하학의 정의는 도형이 아닌 말이었다. 정의를 안다는 건 그 말을 아는 것이다. 말로 정확히 표현해낼 수 있어야 한다. 오랜 기간을 거쳐 엄밀히 다듬어진 것이니 정의 그대로를 외워버리자.

용어의 단어나 어원을 곁들여 알아두면 정의를 이해하기가 수월하다. 각의 한자는 뿔 각(角)이다. 뿔의 모양을 연상해보면 왜 각이라고 했는지 바로 이해된다. 동위각은 한자로 위치가 같은 각이라는 뜻이다. 두 직선이 만나서 생기는 각 중에서 위치가 같은 각이다. 영어로는 corresponding angle이다. (위치가 같아서) 대응하는 각이다. 마름모는 마름모처럼 생긴 식물인 마름이 어원이다. 한자나 영어, 어원을 알면 용어가 생생해진다.

그런데 한자나 영어 때문에 정의가 헷갈리기도 한다. 조심해야 한다. 대표적인 말이 삼각형(三角形, triangle)이다. 단어로만 보자면 삼각형은 '각이 세 개인 도형'이다. 하지만 삼각형의 온전한 정의는 '세 개의 변으로 둘러싸인 도형이다.' 수학의 용어는 다양한 경로를 통해서 결정된다. 정의를 정확히 반영하지 않은 용어도 많다. 그러니 교과서적인 정의를 꼭 확인해 암기하자.

정의와 성질은
다르다

평행사변형이 뭐냐고 물으면, 다양한 답변이 제시된다. 마주 보는 변의 길이가 같은 사각형, 마주보는 각의 크기가 같은 사각형, 대각선을 서로 이등분하는 사각형 등. 모두 틀린 건 아니다. 그러나 이런 답변은 평행사변형의 성질이지 정의가 아니다. 대충 공부하다 보면 정의와 성질을 구분하지 못한다.

정의(定意)는 대상의 뜻이다. 성질(性質)은 그 대상이 가진 고유한 특성이다. 평행사변형의 정의는 '마주보는 두 쌍의 대변이 평행인 사각형'이다. 이 정의로부터 마주보는 변의 길이나 마주보는 각의 크기가 같다는 것, 대각선이 서로를 이등분한다는 것을 증명해낸다. 그게 성질이다.

성질은 정의로부터 유도된다. 정의로부터 증명된 사실이기에 정리라고 할 수 있다. 정의가 원인이라면 성질은 결과다. 헷갈리지 말자.

도형의 구별은
정의와 성질로

〈

주어진 도형이 어떤 도형인지 알아내라는 문제가 많다. 이 문제를 푸는 열쇠는 정의와 성질이다. 각 도형은 고유한 정의를 갖고 있다. 수직선의 점 하나에 하나의 수가 대응하듯이, 도형마다 오직 하나의 정의가 있다. 주어진 선이나 각의 관계를 이용해, 어떤 도형의 정의와 일치하는지를 찾으면 된다.

성질도 어떤 도형인지를 구분하는 데 사용된다. 특정 도형에서만 성립하는 성질은 그 도형을 판별하는 근거가 된다. 피타고라스 정리는 오직 직각삼각형일 때만 성립한다. 고로 피타고라스 정리가 성립하는 삼각형은 직각삼각형이다. 평면 위에서의 평행선은 동위각이나 엇각이 같다. 평행선에서만 그렇다. 동위각이나 엇각이 같은 두 직선이라면 평행선이다.

여러 도형에서 공통으로 성립하는 성질도 있다. 대각선이 서로를 이등분하는 사각형이 있다. 평행사변형, 직사각형, 정사각형, 마름모가 그렇다. 고로 이 성질만으로 어떤 도형인지를 특정할 수 없다. 후보를 줄일 뿐이다. 고유한 정의나 성질을 찾아봐야한다.

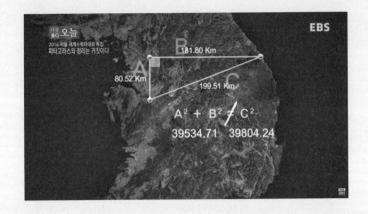

EBS 다큐멘터리 〈피타고라스 정리의 비밀〉의 한 장면이다.

직각삼각형이 되는 대한민국의 세 곳을 선정해 변의 길이를 측정했다.

직각삼각형인데도 피타고라스 정리를 만족하지 않았다.

평평한 공간의 도형이 아니라는 말이다.

어떤 성질을 만족하는지 알면, 어떤 도형과 공간인지 알 수 있다.

기하,
관계를 다룬다

　도형의 정의나 성질을 보라. 변과 각의 관계로 다 채워져 있다. 이등변삼각형은 두 변의 길이가 같은 삼각형이다. 두 밑각의 크기가 같다는 성질이 있다. 모두 변과 각의 관계다. 변끼리 혹은 각끼리 같은지 다른지가 관건이다. 도형의 성질을 알려주는 것도 변과 각의 관계다. 이등변삼각형의 성질은 도형의 합동 관계를 이용했다. 그런데 그 합동관계를 구성하는 건 변과 각이다.

　기하는 결국 도형의 관계이다. 도형의 관계를 통해 도형을 정의하고, 도형의 성질도 파악한다. 알아내고자 하는 것도 도형의 관계이고, 알아내기 위해 살펴보는 것도 도형의 관계다.

　'관계'는 기하가 다루는 모든 것이다. 기하의 키워드 중 하나가 '관계'인 이유다. 관계는 기하의 해법에서도 아주 중요하다. 관계를 통해 문제를 풀어간다.

　각기둥의 부피는 밑면적에 높이를 곱한다. 비교적 구하기 쉽다. 그에 비해 각뿔의 부피는 자체로 구하기 까다롭다. 이럴 때 각기둥과 각뿔의 관계를 이용한다. 각뿔 세 개가 모여 각기둥이 된다. 즉 원뿔의 부피는 원기둥 부피의 1/3이다.

기하의 정리도 관계로 얽혀 있다. 증명은 근거와 주장을 연결하는 것이다. 근거와 정리의 관계가 증명의 열쇠다. 정리와 정리도 관계로 연결되어 있다. 기하에 능숙해지려면 관계에 능숙해져야 한다. 관계를 포착해내는 감각이 필요하다.

기하에도
경험이 중요하다

〈

　　기하는 이론적이고 추상적이다. 정의나 증명은 개념의 다리를 건너며 머릿속에서 진행된다. 우리에게 익숙한 손과 발은 보이지 않는다. 그래서 차갑고 딱딱해 보인다. 감정이나 경험이 끼어들 틈이 보이지 않는다.

　　그러나 기하를 떠받들고 있는 것은 경험이다. 기하는 경험의 선으로 그려진 그림이다. 공리는 그 사실을 잘 보여준다. 공리가 공리일 수 있는 건 경험 때문이다. 모두가 경험하는 사실이기에 증명이 필요 없는 사실로 인정받는다. 아무리 그어 봐도 평행선은 하나이기에 평행선의 공리가 가능하다. 유클리드가 제시한 공리는 모두 경험으로 확인할 수 있는 것들이었다. 공리는 경험으로부터 나왔다.

　　기하는 경험을 토대로 한 도형으로부터 시작되었다. 그 경험적인 지식을 더 엄밀하게 하다 보니 기하가 형성되었다. 기하의 정의나 공리, 정리 모두 경험을 기반으로 한다. 피카소의 추상화 〈아비뇽의 처녀들〉처럼 경험을 재구성하여 그려낸 이론적 체계이다.

>

경험과 직관은 기하 문제를 풀 때도 필수적이다. 문제마다 해법의 유형이 정해지지 않았기 때문이다. 어떻게 문제를 풀어갈 것인지를 직관적으로 찾아내야 한다. 직관에 따라 풀 수 있느냐 없느냐, 얼마나 아름답게 풀어낼 수 있느냐가 결정된다.

직관은 오랜 경험의 결정체다. 직관을 키우려면 우선 경험을 많이 해봐야 한다. 배웠던 증명을 꼼꼼히 반복하면 아주 좋은 경험이 된다. 정리의 증명과정을 찬찬히 밟아본다. 증명의 스토리를 재구성해보며 다른 스토리를 써보기도 한다. 좋은 글을 쓰려면 우선 좋은 글을 많이 읽어봐야 한다.

작도는 기하를 경험할 수 있는 좋은 방법이다. 그런 작도이지만 중학수학 때 아주 잠깐 등장하고 사라져버린다. 왜 소개했나 싶을 정도로 생뚱맞다. 눈금 없는 자와 컴퍼스를 이용하여 도형을 그려보는 것이라고 설명한다. 하지만 작도는 도형을 그리는 것 이상이다.

고대 그리스인들은 작도를 병행하면서 기하를 했다. 작도를 통해 아이디어와 직관을 얻었다. 그 아이디어를 증명으로 완성했다. 직선과 원을 그릴 수 있다는 공리는 작도를 가능하게 해주는 장치였다. 그만큼 작도가 기하에 필수적이었다.

작도는 기하를 만져볼 수 있는 공간이다. 중학수학의 기하는 모두 작도를 통해 경험해볼 수 있다. 기하를 공부하는 데 그만큼 큰 도움을 줄 수 있다. 작도 빠진 기하는 정말 김빠진 사이다이다.

영감은 시에서와 마찬가지로 기하에서도 필요하다.

Inspiration is needed in geometry, just as much as in poetry.

—

시인, 알렉산드로 푸시킨(Alexander Pushkin, 1799~1837)

13

꼭
알아둬야 할
기본 지식

기하는 공부할 게 많다. 그중에서 꼭 알아둘 만
한 것들을 정리해보자.

>

* 점, 선, 면: 정의가 없다.

 ※ 모든 도형은 점, 선, 면으로 구성되어 있다. 도형의 기본 요소이다. 그러나 교과서에는 점, 선, 면이 정의되어 있지 않다. 선은 무수히 많은 점으로 이뤄졌다는 식으로 설명한다. 점, 선, 면을 정의 없는 무정의용어로 보기도 한다. 엄밀하게 정의하기 어렵다.

* 다각형: 여러 개의 변으로 둘러싸인 도형.

 ※ 단어에는 각이 들어가지만 정의에는 변이 들어간다.

* 정다각형: 선분의 길이와 내각의 크기가 모두 같은 다각형

 ※ 각의 크기까지 같아야 한다.

* 정다면체: 각 면이 모두 합동인 정다각형이고, 각 꼭짓점에 모여 있는 면의 개수가 같은 다면체.

 ※ 꼭짓점에 모여 있는 면의 개수까지 같아야 한다.

* 대각선(對角線): 다각형에서 서로 이웃하지 아니하는 두 꼭 짓점을 잇는 선분.

 ※마주보는 각을 연결한 선이 아니다.

* 평행선: 아무리 연장해도 서로 만나지 않는 두 직선.

  ※ 평평하게 나아가는 게 아니다.

* 거리: 두 점을 잇는 가장 짧은 선분의 길이

  ※ 거리는 두 점을 잇는 선분의 길이로 결정된다. 점과 면 사이의 거리, 직선과 직선 사이의 거리를 정할 때도 그렇다. 가장 짧은 선분이 되는 두 점을 찾아, 그 선분의 길이를 거리로 한다. 평면도형에서 그 선분은 도형에 대해 수선이 된다.

* 모서리: 다면체에서 각 면의 경계를 이루는 선분들.

  ※ 평면도형의 경계는 변이라고 한다.

* 밑변: 평면도형에서 밑바닥을 이루는 변이다.

  ※ 대개는 하나지만 사다리꼴에서는 두 개(윗변과 아랫변)이다.

>

　중학수학에서는 공리라는 개념이 아예 등장하지 않는다. 그렇다고 공리를 사용하지 않는 건 아니다. 공리인 줄도 모르고 사용하고 있는 건, 직선과 원을 그릴 수 있다는 것이다. 이 공리는 제논의 역설과 관계있다. 그 역설에 따르면 화살은 과녁에 닿지 못한다. 직선과 원을 그을 수 없게 된다. 그런 역설이 일어나지 않도록 공리로써 제시했다. 그래서 작도가 가능하고, 기하학이 가능하다.

　평행선 공리도 있다. 직선 밖의 한 점을 지나면서, 그 직선과 평행한 선을 오직 하나만 그을 수 있다는 공리다. 중학수학의 기하는 이 공리를 기반으로 하고 있다. 그래서 평행선의 동위각과 엇각은 같고, 삼각형의 내각의 합은 180도이다.

　합동에 관한 공리도 있다. 합동은 모양과 크기가 같은 것이다. 어떤 경우 합동이 될까? 유클리드는, 포개어서 일치하면 합동이라고 공리로 제시했다. (지금의 교과서에서는 정의처럼 제시되어 있다.) 포개어 일치하면 대응하는 변이나 각의 크기가 같다고 본다. 보통 말하는 합동조건은 포개어 일치하게 되는 경우를 말한다.

유클리드는 내게 가정(假定)이 없다면 증명도 없다는 걸 가르쳐줬다.

그러므로 논쟁을 할 때는 가정을 검토하라.

Euclid taught me that without assumptions there is no proof.

Therefore, in any argument, examine assumptions.

—

수학자, 에릭 템플 벨(Eric Temple Bell, 1883~1960)

다각형과 원을
대표하는 정리

>

중학수학의 기하는 다각형과 원을 다룬다. 많은 정리가 나오는데 그 정리들을 아우를 수 있는 대표적인 정리가 있다. 그렇게 말할 수 있는 근거는 『원론』이다. 다각형과 원을 다룬 부분의 맨 마지막 정리이기 때문이다. 다른 정리들은 모두 그 마지막 정리에 포함된다.

다각형을 대표하는 정리는 '피타고라스 정리'이다. 원을 대표하는 정리는, '원의 접선과 할선에 관한 정리'이다. 신기하게도 각 정리는 중학수학 교과서에서도 다각형과 원의 마지막에 등장한다.

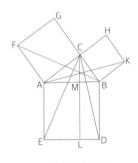

피타고라스 정리

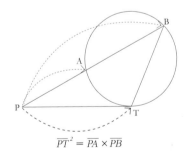

$$\overline{PT}^2 = \overline{PA} \times \overline{PB}$$

원의 접선과 할선에 관한 정리

피타고라스 정리는 직각삼각형의 세 변의 관계를 다룬다. $a^2+b^2=c^2$(c가 빗변). 증명의 내용이 남아 있는 정리 중 가장 오래되었다. 이제껏 수백 개의 다른 증명법이 제시되었다. 직각삼각형일 경우 두 변의 크기로 나머지 한 변의 크기를 알아낼 수 있다. 현실에서도 많이 응용된다. 공간의 모양을 가늠할 수 있는 지표로 사용된다.

원의 접선과 할선에 관한 정리는, 할선과 접선에 의해 생기는 세 변 사이의 관계를 다룬다. 원에 관한 정의로부터 접선의 성질, 닮음과 비례의 성질 등이 모두 동원되어 증명된다.

>

삼각형은 다각형의 원자와 같다. 변의 개수가 가장 적은 다각형이다. 모든 다각형은 삼각형으로 분할된다. 다각형을 삼각형으로 분해하는 방법은 자주 활용된다. 다각형 자체로 문제가 안 풀리면 삼각형으로 쪼개서 풀어본다. 그래서 삼각형이 만들어지는 조건은 매우 중요하다.

삼각형에는 변과 각이 각 세 개, 총 6가지의 요소가 있다. 그러나 6가지 요소 모두를 알아야 삼각형의 모양과 크기가 결정되는 건 아니다. 각과 변을 포함해 단 세 가지의 요소만으로 삼각형이 결정된다. S(side): 변, A(angle): 각.

세 변의 길이가 주어졌을 때 (SSS)

두 변의 길이와 그 끼인각의 크기가 주어졌을 때 (SAS)

한 변의 길이와 그 양끝각의 크기가 주어졌을 때 (ASA)

삼각형이 결정되는 조건은 세 가지다. 세 개의 요소만 알아도 삼각형이 결정된다. 각이 하나일 때는 두 변 사이에 끼어 있어야 한다. 변이 하나일 때도 두 각 사이에 끼어 있어야 한다. 삼각형은 세 변의 길이만으로도 결정된다. 변의 길이만으로 도형이 결정되는 경우는 삼각형뿐이다. 다른 다각형에서는 그렇지 않다. 변의 길이가 같으면서 모양이 다른 다각형이 존재한다. 이 성질 때문에 삼각형은 안정적이다. 모양의 변형이 일어나지 않는다.

>

　증명에서 가장 많이 활용되는 것이 삼각형의 합동조건이다. 문제가 되고 있는 변이나 각을 포함하는 삼각형을 찾아내 합동 여부를 알아본다. 도형의 성질을 알아낼 때 많이 활용된다.

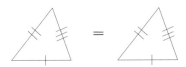

대응하는 세 변의 길이가 각각 같을 때(SSS 합동)

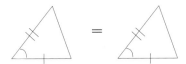

대응하는 두 변의 길이가 각각 같고, 그 끼인각의 크기가 같을 때

(SAS 합동)

대응하는 한 변의 길이가 같고, 그 양 끝각의 크기가 같을 때

(ASA 합동)

삼각형의 합동조건은 세 가지다. SSS 합동, SAS 합동, ASA 합동. 대응하는 각이나 변 중에서 세 개만 같아도 합동이다. 합동일 경우, 나머지 요소 세 개도 자동적으로 같다. 알고 있는 것 세 개의 정보로 모르는 것 세 개의 정보를 알아낸다. 이 속성 때문에 증명에 주로 활용된다. 대개는 미지의 요소 셋 중 하나가 문제로 제시된다.

사각형 이상의 다각형의 합동조건은 더 복잡하다. 각의 관계를 꼭 따져봐야 한다. 삼각형이 아닌 다각형에서는 변의 길이만으로 하나의 도형이 결정되지 않는다. 대응하는 길이가 같다고 해서 합동이 되는 건 아니다.

도형의 닮음과
크기의 비

>

    하나의 도형을 확대하거나 축소해서 다른 도형과 합동이 될 때, 두 도형은 닮았다고 한다. 닮은 도형이 된다. 모양은 같은데 크기가 다르다. 고로 대응하는 각의 크기는 모두 같아야 한다. 각이 다르면 모양도 달라진다. 닮음이 성립하지 않는다.

    확대하거나 축소할 경우 같아지려면 대응하는 변의 길이의 비가 같아야 한다. 그래야 전체적인 크기가 같아진다.

    그래서 닮음에서도 삼각형이 중요하다. 삼각형의 닮음 조건이 있다. 이 또한 삼각형의 결정조건으로부터 나온다. 닮음조건도 세 개의 요소만 확인하면 된다. 그 세 개가 같으면 두 삼각형은 닮음이다.

① 세 쌍의 대응하는 변의 길이의 비가 같을 때 (SSS 닮음)

② 두 쌍의 대응하는 변의 길이의 비가 같고 그 끼인 각의 크기가 같을 때 (SAS 닮음)

③ 두 쌍의 대응하는 각의 크기가 같을 때 (AA 닮음)

닮은 도형은 크기 관계에서도 규칙이 있다. 닮은 도형의 넓이와 부피도 일정한 관계를 이루고 있다. 넓이의 비는 닮음비의 제곱에 비례하고, 부피의 비는 닮음비의 세제곱에 비례한다. 두 도형의 닮음비가 1:2이었다면 넓이의 비는 1:4이고, 부피의 비는 1:8이 된다. 넓이는 변의 길이 두 개를 곱한 것이고, 부피는 변의 길이 세 개를 곱한 것이기 때문이다.

기하는 마음의 기술일 뿐만 아니라 눈과 손의 기술이다.

Geometry is a skill of the eyes and the hands as well as of the mind.

—

수학자, 장 페데르센(Jean J. Pedersen, 1934~)

4부

기하,
어디에 써먹을까?

14

**일상을 예술로,
아름답게
물들이다**

기하를 어디에 활용하는지를 보자. 가장 흔하고 가장 중요한 건 모양을 디자인하는 것이다. 무슨 일을 할 때나 물건을 만들 때 우리는 모양을 고려한다. 기능을 충족하면서도 예쁜 모양을 디자인하고자 한다. 갈수록 디자인은 중요해지고 있다. 그 디자인에 기하가 활용된다.

기하, 목적에 맞는
아름다운 세상을 디자인하다

보기 좋은 떡이 맛도 좋다고들 한다. 디자인은 기능에도 느낌에도 영향을 미친다. 미국 선거에서 외모가 좋은 사람의 당선 확률이 73퍼센트라는 조사결과도 있었다(《한겨레》, 2017년 12월 24일 기사). 최적의 디자인을 찾아내는 데 기하가 응용되고 있는 이유다.

원형, 바퀴
각이 없고 중심으로부터의 거리가 같아
잘 굴러간다.

직선, 대로
최단거리이고 막힘이 없다.
이동과 집중에 최적이다.

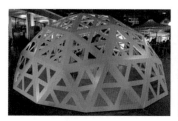

삼각형, 지오데식돔
모양에 변형이 없어 튼튼하다.
최소한의 철재를 사용한다.

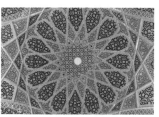

정다각형, 이슬람문양
직선과 원을 활용한다.
대칭과 반복에 현혹된다.

우리는 실제 기하와 실제 건축 형태 그리고
뼈대 구조를 이용하여 머리카락을 자르는 법을 배웠다.
커트는 여성이 머리카락을 흔들었을 때 다시 안으로 떨어지도록
완벽해야 했고 아름답게 층을 이뤄야 했다.
We learned to put discipline in the haircuts by using actual geometry,
actual architectural shapes and bone structure.
The cut had to be perfect and layered beautifully,
so that when a woman shook it, it just fell back in.

—

헤어디자이너, 비달 사순(Vidal Sassoon, 1928~2012)

평행과 수직, 고인돌
무너지거나 흔들리지 않는다.
오랫동안 견고히 서 있다.

타원, 속삭이는 갤러리
한쪽의 속삭임이 다른 쪽에서 들린다.
뉴욕의 그랜드센트럴역이다.

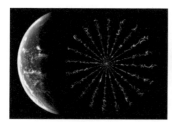

원형, E-sail 우주선
미국항공우주국(NASA)의 상상도다.
가늘고 긴 와이어가 원형으로 돛 역할을 한다.

곡선, DDP
서울의 동대문디지털플라자다.
독특한 곡선 모양이다.

황금비, 애플 로고
아름다운 비율의 상징인
황금비를 따르는 디자인이다.

웨이어-펠란 구조, 베이징 국가수영센터
어떤 공간에서 표면적이 최소가 되는 구조다.
1993년 수학적으로 제시된 구조다.

기능성과 아름다움을 갖춘 디자인은 주위에 넘쳐난다. 각양각색의 의류, 스포츠브랜드 로고, 향수나 음료수를 담은 병, 자동차를 보라. 예술의 영역에서나 볼 수 있었던 아름다움이 일상의 구석구석을 물들이고 있다. 일상과 예술의 경계선은 흐릿해졌다. 일상이 예술이 되었고, 예술이 일상이 되었다. 일상의 아름다움을 예술로 승화한 팝아트의 탄생이 당연해 보인다. 그런 일상에 기하가 자리 잡고 있다.

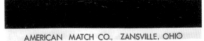

팝아트의 거장 앤디 워홀의
〈부딪히기 전에 뚜껑을 닫으시오, 펩시콜라(Close Cover before Striking, Pepsi Cola)〉, 1962년작.
© 2021 The Andy Warhol Foundation for the Visual Arts, Inc. / Licensed by SACK, Seoul

모양으로 말한다!
시각화된 정보의 전달

시각은 즉각적이다. 오랜 진화를 통해 우리의 뇌는 모양에 대한 직관을 간직하고 있다. 뾰족한 모양을 보면 뭔가 불안하다. 날카로운 칼이 연상되고, 수직으로 솟아오르는 느낌을 받는다. 둥글둥글한 모양은 달처럼 따사롭고 정감이 있다. 모양과 함께 메시지를 전달하는 이유다.

'각진' 얼굴은 부드럽지 않고 굴곡이 분명한 얼굴이다. 거칠고 무서운 면이 있지만, 개성 있고 강단 있는 이미지를 준다. '특이점'은 기존의 법칙이 적용되지 않게 되는, 점처럼 특별한 순간이다. '평행우주'라는 말은 영원히 만나지 않는 우주들을 평행이라는 개념에 빗대어 표현했다.

기하는 그래프나 이미지에 적용되어 정보를 효과적으로 전달한다. 주저리주저리 쓰여 있는 글의 메시지를 한 방에 전달할 수 있다. 변화의 정도라든가, 전체 중 차지하는 비중의 크기를 단번에 보여준다.

자료나 데이터를 기하의 형태로 표현하는 것만으로도 가치 있는 정보를 얻게 된다. 인구동향이나 계층별 소득 현황을 시기별로 나타내보라. 사회가 어떻게 변해가고 있는지를 한 눈에 알아볼 수 있다.

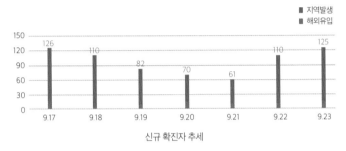

한국 코로나바이러스감염증-19 현황
(2020년 9월 24일 기준)

신규 확진자 추세

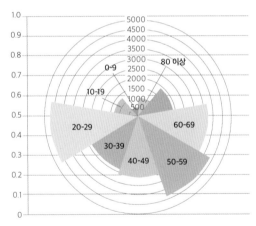

한국 연령대별 확진자 분석

누군가로부터 테이블을 가로질러 앉아 있다면

그 상황의 기하는 '대립'이다.

누군가와 함께 걷고 있다면 같은 방향으로 가고 있는 것이고,

지금 추고 있는 공간 댄스는 조금 더 협조적이다.

If you're sitting across the table from someone,

the geometry of the situation says 'confrontation.'

If you're walking with somebody, you're heading in the same direction,

and the spatial dance you're doing is a little more cooperative.

—

게임디자이너, 스콧 김(Scott Kim, 1955~)

15

자연을
진짜 자연스럽게
그려내다

기하는 20세기에도 모양의 새로운 영역을 개척했다. 기존의 기하가 다루지 못하던 대상을 다루게 되었다. 전부터 존재했으나 20세기에 들어 새롭게 포착한 대상이다. 이 기하로 자연을 더 자연스럽게 묘사하고 탐구할 수 있게 되었다.

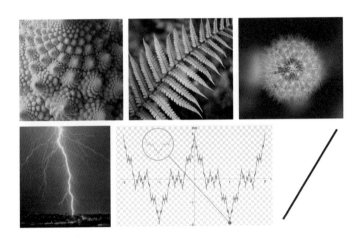

위 모양들은 부분과 전체가 닮아 있다! 로마네스크 브로콜리나 나뭇잎의 작은 부분은 전체의 모양을 닮았다. 뾰족뾰족한 그래프나 번개, 민들레씨앗 역시 전체의 모양이 부분에서 반복된다. 직선의 일부도 직선 전체와 모양이 같다.

전체와 부분의 유사성은 예전부터 존재했다. 옛날에도 번개는 여전히 저런 모양으로 쳤을 것이다. 그런 유사성을 인식하기도 했다. 그러나 그 모양을 기하에서 다루지는 않았다. 일정한 규칙을 통해 그런 모양을 공식적으로 만들어낸 건 20세기 초였다. 코흐의 눈송이나 시어핀스키 삼각형이라고 불리는 도형이다. 1975년에는 그런 모양을 프랙털이라고 공식화하면서 본격적으로 다루기 시작했다. 프랙털기하라고 한다.

프랙털기하는 자기유사성 또는 자기닮음의 성질이 있는 도형을 다룬다. 처음에는 일정한 규칙을 통해 손으로 그려냈다. 나중에는 컴퓨터를 통해 복잡하고 다양한 모양을 창조해냈다. 독특한 디자인을 만들면서 일상 공간뿐만 아니라 예술의 영역에서도 활용되고 있다. 프랙털구조를 활용한 예술을 프랙털아트라고 명명할 정도다.

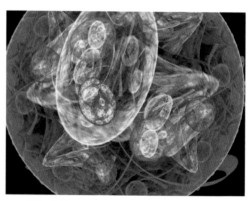

일렉트릭 십(Electric Sheep)으로 만들어진 프랙털 이미지

프랙털기하는 첨단 과학에서 종종 사용되지만,
그것의 패턴은 놀랍게도 전통적인 아프리카 디자인에서 흔하다.

While fractal geometry is often used in high-tech science,

its patterns are surprisingly common in traditional African designs.

—

작가, 론 에글라시(Ron Eglash, 1958~)

소수 차원의
세계

프랙털 도형은 모양이 다른 만큼 그 성질에도 다른 면모가 있다. 대표적인 것이 차원이다. 기하학에서 차원은 1, 2, 3처럼 자연수 차원이었다. 19세기 이후 차원이 무한까지 확장되었다고 하더라도 그 차원은 자연수였다. 그런데 프랙털 도형들은 자기유사성이라는 독특한 성질 때문에 자연수 차원으로 설명하기가 애매했다.

코흐의 눈송이다. 선을 3등분하여 가운데 부분을 삼각형 모양으로 구부린다. 선분 하나가 선분 네 개가 된다. 이런 행위를 각 선분에 대해 무한히 반복한다. 그래도 눈송이는 결코 어느 정도의 크기를 벗어나지 못한다. 넓이가 있지만 일정한 한계가 있다. 변의 길이가 커지는 만큼 넓이도 커지지 않는다. 완전한 면이 아니다. 1차원도 아니고 2차원도 아니다. 그래서 프랙털 도형의 차원은 소수(decimal)다.

소수 차원은 프랙털 도형이 기존의 도형과 다르다는 걸 보여 준다. 부분과 전체의 자기유사성 때문이다. 코흐의 눈송이는 반복할수록 둘레는 무한히 늘어난다. 하지만 넓이는 무한히 커지지 않는다. 1.261차원이다. 시어핀스키 삼각형의 경우 둘레는 늘어나지만 넓이는 0에 가까워진다. 1.585차원이다. 시어핀스키 삼각형의 3차원 버전인 멩거스펀지는 넓이가 무한해지지만 부피는 0에 가까워진다. 2.726833차원이다.

프랙털기하는 단순히 수학의 한 장이 아니다.

모든 사람이 같은 세계를

다르게 볼 수 있도록 도와주는 것이다.

Fractal geometry is not just a chapter of mathematics,

but one that helps Everyman to see

the same world differently.

—

수학자, 브누아 망델브로(Benoit Mandelbrot, 1924~2010)

>

자연에 대한 탐구가 깊어지면서 자연의 많은 현상이 프랙털을 지니고 있다는 게 밝혀지고 있다. 그런 자연현상은 프랙털 이미지를 통해 정말 자연스럽게 재현되고 있다. 아래의 컴퓨터 그래픽을 보라. 프랙털을 활용한 산의 풍경이 참 사실적이다. 이런 이미지들은 영화나 게임처럼 자연스런 배경이 필요한 곳에서 활용된다.

프랙털을 활용한 컴퓨터그래픽 풍경

16

새로운 철학,
새로운 과학을
추론하다

추론 체계로서의 기하는 하나의 방법론이다. 새로운 지식을 추론해낼 수 있는 방법론이기에 도형과 공간 외의 영역에서도 활용될 잠재력을 갖고 있다. 추론을 필요로 하는 곳이라면 얼마든지 기하의 체계를 활용할 수 있다. 이런 잠재력은 근대 이후 현실화되었다. 철학이나 과학은 기하의 방법을 활용해 새로운 지식을 추론했다.

기하, 근대 철학의
방법이 되다

>

기하는 고대 그리스 이후 서양에서 별다른 영향력을 발휘하지 못했다. 중세는 기독교가 중심이 된 봉건제사회로서 새로운 지식을 그다지 필요로 하지 않았다. 근본적인 진리는 이미 성서에 적혀 있었다. 그 지식을 잘 해석해 활용하면 그만이었다. 닫혀 있던 세계에서 기하학은 고요히 잠들어 있었다.

근대에 들어서며 새로운 지식에 대한 요구가 강해졌다. 대항해시대라는 말이 그런 움직임을 잘 보여줬다. 세계에 대한 중세의 지식은 부족할 뿐만 아니라 오류도 많았다. 세계에는 아직 알지 못하는 곳이 많았다. 그만큼 탐험해야 할 곳이 많았다. 근대는 새로운 지식을 갈망했다. 새 지식뿐만 아니라 새 지식을 정당화해줄 새로운 철학이 요구되었다.

데카르트는 새로운 철학을 구축하고자 했다. 새롭게 형성되어가던 근대 과학을 지지하고 정당화해줄 새로운 철학, 중세처럼 토대가 허약한 철학이 아니라 근거가 확실한 철학, 인간의 이성을 긍정하고 지지하는 철학이어야 했다.

데카르트는 인간의 이성을 신뢰했다. 이성을 통해 확실하고 분명한 지식에 다다를 수 있다고 확신했다. 문제는 이성을 활용하는 방법이었다. 기존의 철학에 그토록 많은 문제가 있었던 이유는 이성 자체가 아니었다. 이성을 발휘하는 방법이 잘못되었기 때문이다. 새 철학을 구축하기 위해서는 이성을 제대로 활용할 수 있는 방법을 찾아야 했다.

새 방법을 찾고자 하는 데카르트에게 기하와의 만남은 운명적이었다. 그는 유클리드기하의 추론 체계를 방법으로 활용했다.

기하가 모든 그림의 올바른 기초가 되기 때문에,

나는 예술을 열망하는 모든 젊은이들에게

그 기초와 원리를 가르치기로 결심했다.

Since geometry is the right foundation of all painting,

I have decided to teach its rudiments and principles

to all youngsters eager for art.

—

화가, 알브레히트 뒤러(Albrecht Durer, 1471~1528)

기하처럼
근대철학을 이끌어내다

데카르트는 기하의 가치와 위력을 알아본 근대인이었다. 기하처럼 철학을 전개해가고자 했다. 먼저 해야 할 작업은 공리의 발견이었다. 그의 철학을 떠받쳐줄 근본적인 원리, 철학의 제1원리가 있어야 했다. 그 공리를 찾아내기 위해 지적 여행을 떠났다.

공리를 찾고자 데카르트가 사용한 방법은 '방법적 회의'였다. 의심을 해보는 것이다. 공리란 의심할 수 없는 진리여야 했다. 그 공리를 찾으려면 모든 사실을 의심해봐야 했다. 내가 존재한다는 것도, 내가 부모님으로부터 태어났다는 것도, 1+1=2라는 사실도 하나하나 의심해봤다. 조금이라도 의심스러운 사실은 공리에서 탈락했다.

방법적 회의를 거치고도 살아남은 사실이 '생각한다. 고로 나는 존재한다'(코기토)라는 명제였다. 생각하고 있다는 것만큼은 의심할 수 없이 확실하다는 것이었다. 못된 악마가 잘못된 지식을 믿게 한다 해도 생각하고 있다는 것만큼은 확실했다. (그런 것 같다.)

코기토는 데카르트가 찾아낸 공리였다. 이제 그는 그 공리로부터 새로운 철학을 추론해갔다. 그는 코기토로부터 생각한다는 속성을 갖는 '나'라는 주체를 이끌어냈다. 그리고 '신이 존재한다'는 것과 '물리적인 우주가 존재한다'는 사실을 또 이끌어냈다. 무엇 하나 확실한 것이 없어 보였던 세상으로부터 확실한 대상을 포착해냈다. 생각하는 주체인 인간이 우선이고, 이성적인 사유가 인간의 본질이 되는 철학이 만들어졌다.

데카르트는 과학의 고귀한 길을 건설했다.

기하를 발견했던 지점으로부터 기하를 운반했던 지점까지 말이다.

뉴턴은 그의 발자취를 따랐다. (……)

그는 기하와 발명의 정신을 광학으로 옮겨갔는데

광학은 그의 휘하에서 완전히 새로운 예술이 되었다.

Descartes constructed as noble a road of science,

from the point at which he found geometry to that to which he carried it,

as Newton himself did after him. …

He carried this spirit of geometry and invention into optics,

which under him became a completely new art.

—

작가, 볼테르(Voltaire, 1694~1778)

근대 과학도
기하처럼!

>

　기하의 추론 체계는 과학으로도 옮겨갔다. 그 주인공은 뉴턴이었다. 그 결과물이 1687년에 출간된『프린키피아』였다. 이 책을 통해 뉴턴은 근대 과학을 종합하고 완성시켰다.

　『프린키피아』는 새로운 사실을 주장하는 책이 아니었다. 비슷한 주장을 펼친 인물들은 이미 있었다. 로버트 훅은 만유인력의 법칙을 처음으로 주장했다. 중력으로 행성운동을 설명할 수 있다는 사실을 뉴턴에게 알려줬다. 케플러는 행성의 궤도가 타원이라고 주장했다. 조반니 보렐리도 중력을 통해 목성의 위성들이 타원운동을 한다고 했다. 하지만 이 주장들은 중세의 어둠을 걷어내기에 역부족이었다. 종합적인 이론을 제시해줄 디자이너가 필요했다. 그가 바로 뉴턴이었다.

　뉴턴의 목적은 근대 과학의 성과를 수학으로 완벽하게 증명하는 것이었다. 역시나 적절한 방법론이 필요했다. 그는 데카르트처럼 기하의 추론 체계를 채택했다. 형식만이 아니라 내용도 기하의 방식으로 서술했다. 그래서 책의 원래 제목은『자연철학의 수학적 원리』였다.

『프린키피아』는 '정의-공리-정리'의 형태로 구성되어 있다. 뉴턴은 세 개의 공리를 제시했다. 그것이 뉴턴의 운동 3법칙이다. 관성의 법칙, 가속도의 법칙, 작용과 반작용의 법칙. 그 공리에 만유인력의 법칙을 가정하여 각종 정리를 이끌어냈다. 근대 과학의 성과들을 기하로 증명했다.

『프린키피아』는 근대과학의 전형을 보여준다. 실험 결과를 모으고 분석해 이론을 제시하지 않는다. 귀납적 추론이 아니다. 실험이나 관측을 하는 이유는 공리에 해당하는 법칙을 찾고자 함이다. 그 법칙을 통해 각종 현상을 증명하고 또 다른 법칙을 유도한다.

아인슈타인 역시
기하처럼

>

상대성이론으로 유명한 아인슈타인은 이론 물리학자다. 실험보다는 이론을 통해 우주의 법칙을 규명한다. 실험을 하지 않고, 관측 자료도 없이 어떻게 새로운 법칙을 알아낼 수 있을까? 적절한 방법론이 없이는 불가능하다.

아인슈타인 역시도 기하의 추론 체계를 활용했다. 그에게 가장 적절한 방법론이었다. 데카르트나 뉴턴처럼 공리를 가정하고, 그 공리로부터 정리를 추론해냈다. 특수상대성이론에서 아인슈타인이 가정한 법칙은 두 가지다. 상대성의 원리와 광속일정의 원리. 이 둘이 바로 공리였다.

상대성 원리: 모든 관성계는 동등하다.
광속일정의 원리: 진공에서의 빛의 속력은 어느 관성계에서나
일정하다.

아인슈타인은 이 두 가지 원리를 가정한다면 어떤 결과가 나올까를 추론했다. 그 결과가 특수상대성이론이었다. 추론의 결론

은 현실의 경험과는 너무 달랐다. 시간, 질량, 길이와 같은 물리량이 물질의 운동 상태에 따라 달라져야 한다는 것이었다. 그 메시지를 간직한 식이 $E = mc^2$이다.

중력의 근본을 다룬 일반상대성이론도 방법론은 똑같다. 아인슈타인은 '등가의 원리'를 공리에 추가했다. 중력을 발생시키는 만유인력과, 물체의 운동에 따른 관성력이 같다는 것이다. 이 원리를 가정하면 어떤 결과가 나올 것인가를 수학으로 따져봤다. 그 결과가 아인슈타인의 장방정식이다. 질량을 가진 물체에 의해 공간이 왜곡된다는 것, 그것이 중력의 효과로 나타난다는 것이었다.

모든 것은 기하와 소립자의 상호작용으로 귀속된다고,

물리학은 우리에게 말해준다.

모든 일은 이런 상호작용이 완벽하게 균형을 이뤄야 일어날 수 있다.

What physics tells us is that everything comes down to geometry

and the interactions of elementary particles.

And things can happen only if these interactions are perfectly balanced.

—

물리학자, 앤서니 개렛 리시(Antony Garrett Lisi, 1968~)

17

우주의 모양,
기하 따라
변화해왔다

사람들은 하늘과 땅을 바라보면서 우주론을 그려 왔다. 우주론에는 당대까지의 지식과 세계관, 상상력이 총동원되어 있다. 기하도 우주론을 구성하는 요소 중 하나였다. 우주의 모양에는 기하의 모양이 담겨 있다. 기하가 달라진 시점을 따라 우주론의 변화를 살펴보자.

고대
직선과 원의 우주

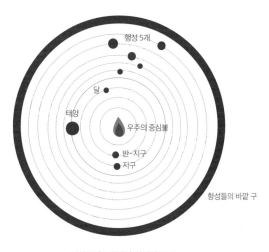

피타고라스학파가 상상한 우주

고대 그리스의 피타고라스학파가 상상한 우주다. 한가운데에 불타오르는 건 태양이 아니다. 태양이 아닌 발광체다. 태양도 그 발광체를 공전한다. 지구 앞에 있는 행성이 가려 지구에서는 보이지 않는다. 발광체를 공전하는 행성은 태양을 포함하여 10개다. 지동설이기는 하다. 10개의 천체를 생각한 것은 10의 상징성 때문이었다.

이 우주론은 직선과 원으로 이뤄져 있다. 행성의 궤도는 원형이다. 발광체로부터의 거리는 원의 반지름에 해당한다. 그 반지름은 직선에 의해서 결정된다. 직선과 원, 즉 자와 컴퍼스의 기하를 기반으로 한다. 간결하고 단순하다. 행성들은 공전하면서 음악처럼 화음을 낸다고 생각했다. 이 우주론은 유클리드기하의 범주에 속해 있다.

악기의 현에서 나오는 소리에 기하가 있다.

별 사이의 간격에 음악이 있다.

There is geometry in the humming of the strings,

there is music in the spacing of the spheres.

—

수학자, 피타고라스(Pythagoras, BC 570~BC 495)

직선과 원만으로도
우주를 계산했다

$<$

    직선과 원의 기하 시절, 우주론 역시 직선과 원이었다. 거리는 직선을 통해서, 궤도는 원을 통해서 정해졌다. 기하의 한계를 넘어서지 못했다. 이 한계에도 불구하고 고대인들은 우주에 대해 많은 것을 알아냈다.

    고대 그리스의 에라토스테네스는 원과 부채꼴의 비례관계를 이용해서 지구의 둘레를 아주 가까운 근사치로 계산해냈다. 아리스타코스는 지구에서 달까지의 거리와 지구에서 태양까지의 거리의 비가 얼마인지를 계산했다. 그는 지구의 둘레도 측정하고, 태양의 겉넓이와 부피까지 계산해냈다.

    직선과 원의 우주론은 이후에 더 정교하게 발전했다. 하지만 중세를 거치고 근대에 이르기까지 우주는 직선과 원을 벗어나지 못했다. 기하의 모양이 우주의 모양이었다.

키레네의 에라토스테네스는 수학 이론과 기하의 방법을 채택했다.

태양의 움직임, 춘분 때의 해시계 그림자,

하늘의 기울기로부터 지구의 둘레가 25만 2,000 스타디아,

즉 3,150만 페이스라는 걸 알아냈다.

Eratosthenes of Cyrene, employing mathematical theories and

geometrical methods, discovered from the course of the sun,

the shadows cast by an equinoctial gnomon,

and the inclination of the heaven that the circumference of the earth is two

hundred and fifty-two thousand stadia, that is,

thirty-one million five hundred thousand paces.

—

건축가, 비트루비우스(Vitruvius, BC81~BC15)

근대
타원 궤도의 우주

<

근대적 우주론은 코페르니쿠스(1473~1543)로부터 시작된다. 그는 지구가 우주의 중심이 아니고 태양을 공전한다고 주장했다. 그러나 그는 지동설을 가설처럼 제시했다. 진짜 우주가 그렇다기보다는 그럴 수도 있지 않겠냐는 제안이었다.

코페르니쿠스의 우주론

코페르니쿠스가 지동설을 주장했을 때에도 궤도는 여전히 원형이었다. 여전히 직선과 원의 기하 안에 머물러 있었다. 이 한계를 벗어난 이가 케플러(1571~1630)였다. 케플러는 천문학자인 티코 브라헤라가 남겨놓은 측정 데이터를 가지고 행성의 궤도를 규명하려 했다. 그 역시 처음에는 원형 궤도로 생각했다. 그때까지도 직선과 원의 기하였기 때문이다. 그러나 오차를 줄여가는 과정에서 타원이라는 결론에 이르렀다.

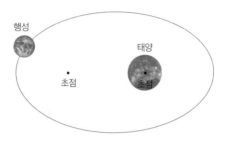

우주론에서 드디어 타원이 등장했다. 그러나 기하는 여전히 직선과 원이었다. 이 간극을 메운 이가 데카르트(1596~1650)였다. 그는 해석기하를 창안해 타원 같은 원뿔곡선을 기하에 포함시켰다. 우주를 설명해낼 기하를 선사했다. 우주론과 기하는 그렇게 균형을 맞췄다.

현대
휘어 있는 우주

<

19세기에 들어 기하에는 휘어진 공간의 기하인 비유클리드
기하가 등장했다. 그러나 이때의 우주론은 여전히 평평한 공간
위에서의 우주론이었다. 뉴턴이 생각한 것처럼 유클리드기하가
적용되는 공간의 우주론이었다. 기하가 우주론보다 앞서 나갔다.
기하와 우주론의 이 간격은 20세기의 아인슈타인에 의해 다시금
메워진다.

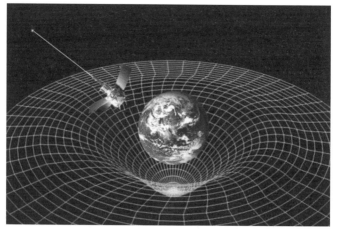

아인슈타인은 휘어진 공간의 기하를 이용해 휘어진 공간으로서의 우주를 설명했다.

228쪽 그림은 일반상대성이론을 설명한 그림이다. 질량을 가진 물체에 의해 공간이 휘어졌다. 그 공간을 지나가는 물체는 휘어진 그 공간을 따라 이동한다. 물체의 이동경로가 달라지는데, 이 효과가 중력처럼 보인다. 아인슈타인은 휘어진 공간의 기하를 이용해, 휘어진 공간으로서의 우주를 설명해냈다.

휘어진 공간의 우주론은 휘어진 공간의 기하가 있었기에 가능했다. 기하는 우주를 기술하기 위한 필수 언어였다. 아인슈타인은 아예 우주 자체를 기하로 만들어버렸다. 우주는 휘어진 공간이었다. 물체의 운동은 그 공간에 의한 결과일 뿐이었다. 우주는 곧 기하였다.

아인슈타인의 중력 이론은

이론 물리학의 가장 위대한 성과라고 여겨진다.

그 이론은 중력 현상과 공간의 기하를 연결하는

아름다운 관계가 되었다. 흥미진진한 아이디어다.

Einstein's gravitational theory, which is said to be the greatest single

achievement of theoretical physics, resulted in beautiful relations

connecting gravitational phenomena with the geometry of space;

this was an exciting idea.

—

물리학자, 리처드 파인만(Richard P. Feynman, 1918~1988)

>

초끈이론은 가장 주목받는 우주론 중 하나다. 최신의 과학이론이면서 SF 소설 같은 이야기다. 과학이라 함은 상대성이론처럼 수학적인 추론을 통해 제시되었기 때문이다. 그럼에도 불구하고 SF 소설이라고 하는 이유는, 현실적으로 전혀 검증된 바 없는 주장이기 때문이다. 치밀하고 과학적이지만 아직까지 상상의 이야기다.

초끈이론은 우주의 근본적인 것이 입자가 아닌 끈이라고 한다. 끊임없이 진동하는 끈과 그 끈들의 결합에 의해 모든 물질은 만들어진다. 기존의 원자나 소립자와는 다른 개념이다. 이것만으로도 혁신적이다. 초끈이론의 혁신적인 이야기는 공간의 차원에까지 나아간다.

우주는 11차원이라고 초끈이론은 주장한다. 인류는 상대성이론을 통해 겨우 4차원 공간까지 도달했다. 20세기에 와서야 가능한 일이었다. 그런데 갑자기 11차원으로 엄청난 도약을 하게 되었다. 11차원을 주장하는 근거는 수학이다. 수학이 11차원이어야 한다고 말한다. 4차원 이외의 차원은 어떻게 된 것일까? 그 여분의 차원은 아주 작은 세계에 숨어 있다.

여기 수냐라는 사람이 있다. 이 사람은 3차원의 존재다. 점점 멀어져가면서 수냐를 본다고 생각해보라. 수냐는 점점 작아져 보일 것이다. 입체로 보이다가, 굵은 선으로 보이다가 점으로 보이기까지 할 것이다. 점처럼 보이지만 그 점 안에 3차원이 숨어 있다. 이런 식으로 여분의 차원이 숨어 있다고 말한다.

예전부터 그래왔듯이 기하와 우주론의 콜라보는 여전히 진행 중이다. 기하는 우주론을 그려주고, 우주론은 기하를 그려준다. 뫼비우스의 띠처럼 다른 듯 연결되어 있다.

현대 물리학의 이상한 점들 중 하나는 우리가 직접 경험하지 않는
다른 차원들이 분명히 있다는 것을 발견한다는 사실이다.
그 차원들은 우리 우주의 전반적인 기하와
몇 가지 측면을 설명해준다.

One of the weird things about modern physics is
that we do find there are apparently these other dimensions that
we don't directly experience that explain some aspects of
the overall geometry and reality of our universe.

—

천문학자, 데이비드 그린스푼(David Grinspoon, 1959~)

5부

인공지능 시대의
기하

18

컴퓨터,
기하 하는
만능기계

기하의 대상은 도형과 공간이다. 컴퓨터라는 기계의 탄생과는 전혀 관련이 없을 법하다. 그러나 기하는 컴퓨터의 탄생 과정에서 큰 몫을 했다. 기하와 관련된 물음 속에서 컴퓨터라는 개념이 등장했다. 기하의 어떤 면이 컴퓨터와 관련되었는지 알아보자.

>

앨런 튜링은 컴퓨터 과학의 아버지라고도 불린다. 그는 지금과 같은 컴퓨터를 실제로 만들어내지 않았다. 컴퓨터와 컴퓨터를 작동하기 위한 절차인 알고리즘을 개념적으로 명확하게 제시했다. 그는 튜링머신이라는 가상의 기계를 제안했는데, 그 기계가 현실화된 게 컴퓨터였다.

튜링은 알고리즘과 튜링머신이라는 기계를 '결정문제'라는 문제를 풀어내는 과정에서 제안했다. 결정문제에 대한 결론을 제시하기 위해서 알고리즘과 튜링머신의 개념을 생각했다. 알고리즘은 튜링머신을 작동시키는 기계적이고 명확한 절차였다. 이 문제가 기하와 관련이 있었다.

튜링머신은 몇 가지의 기계로 작동하는 공장과 같다. 몇 가지의 기계적이고 한정된 동작으로만 움직인다. 그 동작들을 연속적으로 조합한 것이 알고리즘이다. 그 알고리즘에 따라 다양한 결과물을 만들어낸다. 이제 튜링머신에 A를 입력한다. 만약 튜링머신이 일정한 단계를 거친 후에 A를 만들어낼 수 있으면 튜링머신은 일정한 단계 후에 멈춘다. 만들어내지 못하면 멈추지 않고 계속 움직인다.

튜링머신에 어떤 것을 입력했을 때 튜링머신이 멈출지 멈추지 않을지를 판정할 수 있는 알고리즘이 있을까? 튜링머신이라는 공장에서 만들어낼 수 있는 제품인지 아닌지를 미리 판정할 수 있는 알고리즘 말이다. 튜링은 이런 알고리즘의 존재 여부에 대해 말하고자 했다.

튜링은 이런 알고리즘이 존재하지 않는다는 것을 증명했다. 튜링머신이 멈출지 멈추지 않을지를 미리 알 수 없다는 것이 결론이었다.

결정문제가 기하와 어떻게 연결되는지를 살펴보자. 튜링머신을 기하의 공리체계라고 생각해보라. 기계적이고 한정된 몇 가지의 동작은 공리에 해당한다. 알고리즘은 공리를 이리저리 결합하는 과정이다. 즉 추론의 과정이 알고리즘이다. 알고리즘을 통한 결과물은 기하의 정리다.

튜링머신은 공리로부터 정리를 이끌어내는 기하의 공리체계와 같다. 고로 결정문제란, 주어진 공리 체계에서 어떤 정리를 추론해낼 수 있는지의 여부를 미리 알 수 있냐는 것이었다. 그런 알고리즘이 존재하는가를 물었다. 튜링은 그런 알고리즘이 없다고 했다. 특정한 공리 체계가 있을 때, 어떤 정리를 추론해낼 수 있는

지를 미리 알 수는 없다.

결정문제는 20세기 초반 수학자들의 큰 관심사였다. 어떤 문제를 제시하면 그 문제가 참인지 거짓인지를 판정해주는 알고리즘을 찾아내는 것이었다. 어떤 문제라도 상관없다.

그런 알고리즘이 존재한다면 어떻게 될까? 모든 수학문제의 결론을 미리 알게 된다. 어떤 문제가 참이고, 어떤 문제가 거짓인지를 미리 알 수 있다. 리만 가설이나 골드바흐의 추측처럼 아직도 풀리지 않은 문제의 결론을 알게 되는 것이다. 그러면 틀린 문제를 붙잡고 고민할 필요가 없어진다. 수학자들은 그런 알고리즘을 찾아내고 싶어 했다.

2019년에 영국은 50파운드 지폐의 주인공으로 앨런 튜링을 선정했다.

튜링은 그런 알고리즘이 존재하지 않는다는 걸 보였다. 그런 알고리즘의 존재 여부를 묻기 위해, 알고리즘에 의해 작동하는 가상의 기계인 튜링머신을 고안했다. 그리고 그 기계가 무엇을 할 수 있고 없는지를 보여주었다. 튜링머신, 즉 컴퓨터의 개념은 그렇게 탄생했다.

나는 많은 스포츠를 가르칠 수 있다. 당연히 테니스는 그 중 하나이다.

당신이 다른 스포츠를 할 때, 당신은 다른 관점에서 사물을 본다.

발놀림, 몸의 위치, 각도, 기하 모두 달라진다.

I can teach many sports, but obviously, tennis is the one.

When you do other sports, you see things from different perspectives:

different footwork drills, body positions, angles and geometry.

—

테니스 선수, 마르티나 나브라틸로바(Martina Navratilova, 1956~)

기하 하는 기계,
컴퓨터는 만능인가?

튜링머신은 기하의 공리체계를 구현한 기계이다. 그 튜링머신이 컴퓨터의 모태가 되었다. 고로 컴퓨터는 기하의 체계를 구현한 기계이다. 컴퓨터는 기하를 하는 기계인 셈이다. 그렇다면 기하의 공리에 해당하는 컴퓨터의 요소는 무엇일까? 그건 연산이다. 그래서 컴퓨터를 연산 기계라고 한다.

컴퓨터를 작동시키는 알고리즘은, 기하로 치면 공리를 결합하는 추론 과정이다. 연산이 곧 공리였으니, 알고리즘은 곧 연산을 반복적으로 시행하는 과정이다. 그 과정을 거쳐 글도 쓰고, 그림도 그리며, 문서작업도 하고, 이메일도 보내고, 음악을 들려주면 무슨 노래인지를 맞춘다. 컴퓨터의 그 모든 작업들은 컴퓨터라는 공리체계가 만들어낸 정리다.

컴퓨터를 보편 기계(universal machine)라고 한다. 특정한 기능만 발휘하는 기계가 아니다. 별별 일을 한다. 별별 기능을 발휘한다. 튜링은 하나의 튜링머신으로 여러 개의 튜링머신이 하는 일을 수행할 수 있다는 것을 보였다. 하나의 튜링머신이 특정한 기능을 수행하는 다른 튜링머신의 알고리즘을 모방할 수 있기 때문이다. 몇 개의 공리만으로 각종각색의 정리를 증명해내는 기하와 똑같다.

튜링은 튜링머신이 어느 수준까지 일할 수 있을지를 생각했다. 1950년도에 발표한 논문에서 그는 묻는다. "Can machines think?" 기계가 사람처럼 생각할 수 있는가를 물으면서 생각한다는 것에 대해 논한다. 그는 20세기 말이 되면 사람이 할 수 있는 일을 컴퓨터도 모방할 수 있을 거라고 예상했다.

그럼 컴퓨터는 얼마나 많은 일을 해낼 수 있을까? 어떤 일이든 척척 해낼 수 있을 만큼의 잠재력을 갖고 있을까? 그렇지 않다는 것이 튜링의 결론이다.

튜링은 컴퓨터가 결정문제를 풀 수 없다고 했다. 그 문제를 해결할 수 있는 알고리즘은 존재하지 않는다. 컴퓨터와 같은 방식으로는 해결할 수 없는 문제였다. 튜링 이전에 수학자 괴델은 공리를 어떻게 설정하더라도 그 공리로는 증명할 수 없는 문제가 있다는 것을 보였다. 수학의 모든 정리를 이끌어낼 수 있는 공리 체계는 존재하지 않는다.

컴퓨터는 무수히 많은 일을 할 수 있다. 몇 개의 공리라고 할지라도 그 공리를 결합할 수 있는 경우의 수는 무한하다. 무한히 많은 알고리즘으로, 무한히 많은 일을 할 수 있다. 그러나 모든 일을 할 수 있는 건 아니다. 자연수가 무한하더라도 실수의 무한보다는 작듯이, 컴퓨터는 무한히 많은 일을 할 수 있으나 모든 일을 해낼 수 있는 건 아니다. 할 수 없는 일이 있다.

기하만으로는 인간의 욕망, 표현, 포부, 기쁨을 묘사하기에
충분하지 않다. 우리는 뭔가를 더 필요로 한다.

Geometry alone is not enough to portray human desires,
expressions, aspirations, joys. We need more.

—

종이접기 전문가, 아키라 요시자와(Akira Yoshizawa, 1911~2005)

19

기하,
어떤 문제든
척척!

컴퓨터는 기하가 활용하고 있는 최신 도구다. 기존의 기하가 하지 못하던 일을 해내면서 기하의 한계를 훌쩍 뛰어넘고 있다. 기하를 통해서 만들어진 기계가, 기하를 더욱 빛나고 푸르게 하고 있다. 청출어람 청어람이다.

어떤 모양이든
자유자재로

>

컴퓨터는 모양을 재현해내는 면에 있어서 기하의 한계를 완전히 극복해버렸다. 어떤 모양이든 재현해낸다. 규칙을 파악하지 못하더라도 상관없다. 사진이건, 이미지건, 작업한 자료건 컴퓨터에 입력된 모양은 영원히 기록된다. 원하면 언제든지 꺼내볼 수도 있다.

모양 그대로만 보여주는 게 아니다. 구부리고, 비틀고, 변형하고, 색을 바꾸는 등 얼마든지 조작할 수도 있다. 앱을 활용하면 이미지든 동영상이든 다양한 편집 작업이 가능하다. 흑백의 단아한 모양으로도, 만화 속 그림 같은 이미지로도, 괴물 같은 형상으로도 바꿀 수 있다. 기하의 마법램프 같다. 금을 달라 하면 금을, 옷을 달라 하면 옷을 내어준다.

모양을 재현해내는 컴퓨터의 능력은 디지털사회를 가능하게 하는 필수 요소다. 도로의 모양이나 상태를 파악하는 자율주행차, 내가 서 있는 곳의 모양을 축소해서 보여주는 지도나 GPS, 인체나 인체 내부를 촬영해 그대로 보여주는 의료기기 등 곳곳에 사용된다. 3D프린터 역시도 컴퓨터가 있어 가능하다. 외부의 모양을 읽어 변환한 후 그대로 재생해 만든다.

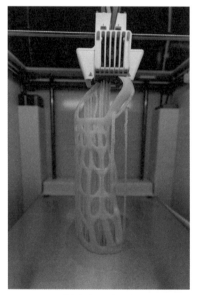

3D 프린터가 제품을 출력하는 모습

>

　모양을 보고서 대상이 무엇인지를 알아내는 것은, 인공지능이 무척 어려워하는 문제였다. 사람은 살짝만 보고도 개인지 고양이인지 구별하지만, 인공지능은 그렇지 않았다. 흑인을 보고서 원숭이라고 하는 경우도 있었다. 대상을 파악한다는 것, 기하의 기초적인 문제였지만 의외로 어려운 일이었다. 오랜 진화를 거쳐서 익숙해진 탓에 우리는 그 사실을 모르고 있었을 뿐이었다.

　요즘의 인공지능은 이미지 인식에서 사람을 능가했다고 한다. 길 가다가 무슨 꽃인지 궁금할 때 활용하는 앱은 이미 일상적이다. CT검사 결과 사진을 인공지능으로 분석할 경우 폐 결절을 97% 정확도로 찾아내고, 이런 인공지능의 도움을 받을 경우 의사의 판독 정확도는 20% 향상된다고 한다.[*] 우주를 찍은 사진 분석을 통해서 암흑물질과 암흑에너지를 찾아내는 데 얼굴인식 인공지능 프로그램을 활용하고 있다.[*]

- 삼성SDS. https://www.samsungsds.com/global/ko/news/story/visual-0214.html
- 사이언스타임스, https://www.sciencetimes.co.kr/news/%EC%96%BC%EA%B5%B4-%EC%9D%B8%EC%8B%9D-%EC%9D%B8%EA%B3%B5%EC%A7%80%EB%8A%A5-%EC%9C%BC%EB%A1%9C-%EC%95%94%ED%9D%91%EB%AC%BC%EC%A7%88-%ED%83%90%EC%83%89/

우주는 평평하게 열려 있을까? 풍선처럼 구부러져 닫혀 있을까?

2019년에 발표된 어느 논문은 우주가 구부러져 있다고 주장했다.

플랑크 위성이 측정한 CMB 데이터 분석을 통해서다.

그 데이터가 구부러져 있는 공간의 성질을 보여준다고 한다.

우주는 곧 기하요, 기하는 곧 우주다.

—

출처: NASA, Marshall Space Flight Center

우주는 순수한 기하이다.

시공간에서 뒤틀리고 춤추는 아름다운 형상이다.

I think the universe is pure geometry - basically,

a beautiful shape twisting around and dancing over space-time.

—

물리학자, 앤서니 개렛 리시(Antony Garrett Lisi, 1968~)

해석기하,
컴퓨터의 만능 해법

컴퓨터는 0과 1 딱 두 개의 숫자만을 사용한다. 물리적으로는 전원을 켜거나 *끄는* 것을 뜻한다. 두 개의 숫자만으로 모양이나 이미지를 주고받는다. 그러려면 모양을 0 또는 1이라는 숫자와 연결시켜주는 뭔가가 필요하다. 모양과 두 개의 숫자를 번역해주는 도구가 있어야 한다.

해석기하가 그 도구다. 좌표를 모니터에 적용하면 어떻게 될까? 모니터 상의 각 점은 고유한 위치 주소를 갖게 된다. 그 위치 주소마다 모양과 색에 대한 정보를 제공해주면, 그 정보들이 모여 전체적인 모양이 완성된다. 각 점은 카드섹션의 카드 하나이고, 모니터는 카드섹션 전체의 모양이 된다.

컴퓨터 모니터의 기본단위는 화소(픽셀)이다. 전체 화면을 구성하고 있는 작은 네모다. 100만 화소라고 하면 화면 하나에 100만 개의 작은 네모가 있다는 뜻이다. 픽셀이 많아질수록 작은 네모인 픽셀의 크기는 작아진다. 곡선의 굴곡이 미미해진다. 우리 눈에는 부드러운 곡선처럼 보인다.

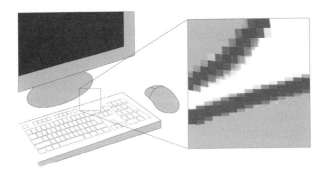

픽셀을 확대해본 컴퓨터 화면의 이미지

좌표는 컴퓨터가 모양을 다룰 수 있게 해준다. 좌표가 모양을 0과 1의 숫자로 바꿔준다. 위치와 그 위치에 해당하는 정보 모두를 수로 치환해준다. 색깔에 대한 정보까지 덧입혀주면 무지갯빛 화려한 이미지와 영상이 펼쳐진다.

색깔에 대한 정보 역시 좌표처럼 나타내곤 한다. 컴퓨터 색상은 빨강, 초록, 파랑의 조합이다. 각각이 하나의 축이 된다. 색깔은 3차원 정보로서 3차원 순서쌍 R, G, B로 표현된다. 빨강은 255,000,000, 핑크는 255,192,203이다. 검정색은 000,000,000, 흰색은 255,255,255이다. 색깔 하나하나도 좌표를 통해 고유한 숫자 정보를 갖게 된다.

수학의 힘은 종종 한 가지를 다른 것으로 바꾸고,

기하를 언어로 바꾸는 것이다.

The power of mathematics is often to change one thing into another,

to change geometry into language.

—

수학자, 마커스 드 사토이(Marcus du Sautoy, 1965~)

컴퓨터,
정교한 근사치를 구한다

해석기하가 컴퓨터에 적용되자 기하 문제도 더 수월하게 풀어갈 수 있게 되었다. 수식으로 답을 구하기 어려웠던 문제를 실험으로 접근하는 게 가능해졌다. 이론적으로 정확한 답은 아니지만 굉장히 정교한 답을 제공해준다.

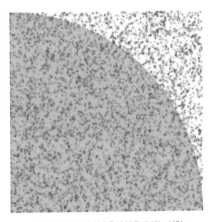

컴퓨터를 활용해 원주율의 값을 구하는 실험

원주율의 값을 계산하는 방법으로 몬테카를로 방법이 있다. 컴퓨터를 이용한 실험으로 원주율 값을 구한다. 한 변의 길이가 1

인 정사각형 위에, 반지름이 1인 원의 1/4인 부채꼴이 있다. 전체 정사각형의 넓이는 1이다. 원의 전체 넓이는 π이므로(πr²에서 r = 1 이므로) 부채꼴의 넓이는 π/4이다. 위 도형에 바늘을 떨어뜨릴 때 원의 내부에 떨어질 확률은 얼마일까? 확률은 '해당 사건의 경우의 수÷전체 경우의 수'이다. 고로 이 확률은 '부채꼴의 넓이÷정사각형의 넓이', 즉 π/4이다.

$$부채꼴에 떨어질 확률 = π/4$$

부채꼴에 떨어질 확률을 정확히 구하면, 위 식을 이용해 원주율의 값을 구할 수 있다. 그 확률을 어떻게 구할까? 직접 실험해 보면 된다. 컴퓨터를 이용해 무작위로 정사각형 안에 바늘을 던진다. 각 픽셀마다 좌표(x, y)를 설정한다. x에서도 y에서도 무작위로 수를 고른다. 그러면 (0.1, 0.4)처럼 하나의 픽셀이 무작위로 선택된다. 그 픽셀이 부채꼴의 내부인지 아닌지를 확인한다. 전체 시행 중 몇 번이나 부채꼴 안에 떨어지는지를 구해 확률을 구한다. 시행을 많이 할수록 확률은 정확해진다. 그 확률이 π/4와 같다고 하면 원주율π를 구할 수 있다.

기하를 응용해
예술작품도

$>$

컴퓨터는 해석기하적인 방식을 이용해 예술 작품도 만들어 낸다. 컴퓨터 예술의 선구자라고 할 수 있는 게오라크 네스의 사례가 유명하다. 그는 아래 작품을 만들었다. 14개의 작은 그림이 19줄이나 배치되어 있다. 총 266개의 작은 그림이 모여 있다. [●]

● 출처: https://www.researchgate.net/figure/One-of-the-drawings-on-display-at-Georg-Nees-show-Generative-Computer-Grafik-February_fig3_241715762

게오르크 네스는 작은 그림 266개를 컴퓨터로 만들어냈다. 프로그램을 통하여 컴퓨터가 무작위로 만들어내게끔 했다. 작은 그림 하나는 처음 한 점으로부터 출발한다. 이후 23개의 선분을 계속 연결한다. 23개 선분의 방향과 길이는 무작위로 결정된다. 결정된 방향과 크기로 선분은 뻗어간다. 맨 마지막 선분의 끝점은 맨 처음의 출발점과 만나도록 한다.

　　이 작품은 해석기하가 있어서 가능했다. 각 선분에는 두 개의 수 (x, y)가 배정되었을 것이다. x는 방향으로 상하좌우(1~4) 중 하나였을 것이다. y는 선분의 길이로, 최솟값과 최댓값 사이의 수 중 하나였을 것이다. (2, 5)라면 2의 방향으로 5만큼 간다는 식이다. 무작위로 23개의 순서쌍을 만들어낸 후 그 수를 따라 선분을 이으면 작은 그림 하나가 된다. 그 작업을 266번 반복하여 제법 그럴싸한 작품을 만들어냈다.

기하는 강력하다. 예술과 결합되면 저항할 수 없다.

Mighty is geometry; joined with art, resistless.

—

시인, 에우리피데스(Euripides, BC480~BC406)

20

**알고리즘이 된
기하**

컴퓨터의 개념을 제시했던 튜링은 지금의 인공지능을 내다본 것처럼 예견했다. 사람만이 할 수 있는 것처럼 보이는 언어나 체스를 배울 거라고. 당시로서는 앞서도 너무 앞선 생각이었다. 그게 가능할 수 있었던 것은 알고리즘 덕분이다. 인공지능의 성패나 수준을 결정하는 건 알고리즘이다. 알고리즘에도 기하가 응용되고 있다.

>

추천 알고리즘은 이용자의 기존 데이터를 보고서 그 이용자가 좋아할 만한 새 콘텐츠를 추천해준다. 영화 〈인터스텔라〉나 〈블레이드 러너 2049〉를 좋아한 사람에게 〈테닛〉과 같은 SF 영화를 추천하는 식이다. 기하의 추론인 $p \rightarrow q$를 사용한다. p를 좋아했다면 q도 좋아할 것이라고 추론한다. 알고리즘에서도 추론이 중요한 역할을 한다.

2006년에 동영상 콘텐츠기업인 넷플릭스는 10%의 향상된 알고리즘에 100만 달러의 상금을 걸었다. 대회를 위해 고객 48만여 명이 17,770편의 영화에 대해 매긴 평점 데이터 1억 48만개 정도를 공개했다. 그 데이터를 이용해 알고리즘을 만들도록 했다. 2009년에 앙상블 팀이 10.1% 향상된 알고리즘을 내놓아 상금을 차지했다(마커스 드 사토이, 『창조력 코드』, 박유진 옮김, 북라이프, 2020, 6장 참고).

그 알고리즘의 기본원리를 보자. 100편의 영화, 1,000명의 이용자가 있다고 하자. 이용자들은 관람한 영화에 평점을 매긴다. 이때 영화 하나하나는 좌표의 축이 된다. 100편의 영화이니, 총 100개의 축이 있다. 100차원인 셈이다. 이용자들이 매긴 평점에 따라 1,000개의 점이 100차원 그래프에 표시된다.

추천 알고리즘은 찍혀 있는 점들의 패턴을 분석한다. 분석의 목적은 그 패턴을 알려주는 몇 개의 요인을 찾아내는 것이다. 100개의 차원을 몇 개의 차원으로 낮춘다. 그 패턴에 따라 추천할 만한 영화를 추론해낸다. 2차원 평면에 찍힌 점들의 경향을 대표하는 직선을 찾아내는 것과 비슷하다.

$$y = x + 3$$

2차원 정보 ⟶ 1차원 정보

위 그래프의 점들은 원래 2차원 정보였다. x와 y, 두 개의 정보가 필요하다. 그런데 찍힌 점들이 y=x+3의 그래프와 비슷하다는 걸 알았다고 하자. y=x+3에서는 x 하나만 알면 된다. x를 알면 y를 자동으로 알 수 있다. 2차원 정보를 1차원 정보로 축소시킨 것이다. 추천 알고리즘은 이런 식으로 정보의 차원을 확 낮춘다. 낮춰진 차원만으로 원 데이터들의 경향을 추론할 수 있게 해준다. 해석기하의 방법과 원리가 응용되었다.

나는 기억해. MIT에서 우리는

여가 시간에 수학적인 것에 대한 에세이를 써야 했어.

춤이 내게 어떻게 기하인지에 대해, 나는 글을 썼어.

춤은 모두 도형이었어.

I remember, at MIT, we had to write an essay about something

mathematical that you do in your extra time.

I basically wrote about how dance, to me,

was geometry: it was all shapes.

—

사업가, 파얄 카다키아(Payal Kadakia, 1983~)

$>$

기하의 연역적인 방식은 인공지능 알고리즘의 한 방법으로
도 사용된다. 기계를 학습시키는 머신러닝의 한 방법인 기호주의
자의 방법이다.

알고리즘으로 스팸메일을 걸러낸다 하자. 스팸메일에 포함
되어 있는 요소를 활용할 것이다. 특정 요소가 들어 있는 메일은
스팸메일이라고 분류한다. 광고나 이벤트라는 말이 들어간 메일
을 스팸메일로 분류하는 식이다.

가장 중요한 작업은 그 요소를 결정하는 것이다. 그 요소를
선정하기 위해 스팸메일들을 유심히 살펴본다. 그 메일들을 보고
서 요소를 선정해본다. 그 요소를 가지고 메일들을 다시 분류해
결과를 살펴본다. 스팸메일이 아닌데 스팸메일로 판정된 게 있거
나, 스팸메일인데도 스팸메일로 판정되지 않은 게 있는지를 확인
한다. 그 확인을 통해 요소를 추가하거나 제거하며 조정한다. 이
런 조정을 거치며 최적의 요소를 결정해간다.

이 방법은 궁극적으로 p → q라는 추론을 적용한다. p가 들

어가면 q는 스팸메일이다. 성능을 좌우하는 것은 p이다. 그 p를 알아내는 과정에서는 결과를 분석한다. 그러면서 p를 섬세하게 조정해간다. 최고의 맛을 낼 수 있는 재료의 비율을 찾아내듯이, 최적의 결과를 이끌어낼 p를 찾아낸다. 그래서 이 방법은 역연역법이라고도 불린다. 결과를 봐가면서 요소 p를 역으로 찾아나가기 때문이다.

역연역법은 근본적으로 $p \rightarrow q$를 적용하지만, p를 결정하기 위해 $\sim q \rightarrow \sim p$라는 추론 규칙을 활용한다. $\sim q$를 통해 p가 아닌 것들($\sim p$)를 제거하면서 최적의 p를 찾아간다. 신약 개발을 한다거나 할 때 임상시험 결과를 분석해 약의 효과에 대한 인과관계를 파악한다. 부작용은 없으면서 최적의 효과를 내게 하는 약의 조합이 어떤 것인가를 찾아낸다.

단순 연산으로도
창의성을 발휘한다

인공지능의 핵심은 알고리즘이다. 구글이 기존의 검색 업체를 물리치고 세계 최고의 기업이 될 수 있었던 것도, 유튜브나 넷플릭스가 수많은 이용자를 끌어들인 것도, 로켓배송이나 신선식품 새벽배송으로 친근해진 우리의 일상도 모두 알고리즘 덕분이다.

알고리즘은 기계와 사람의 경계마저 허물고 있다. 단순 연산을 반복한다는 기계는 이제 단순한 일만 하지 않는다. 사람만이 할 수 있을 것 같았던 일도 척척 해낸다. 언어를 번역하고, 체스와 바둑에서 사람을 능가했으며, 음악과 그림도 창조해낸다. 창의성이 요구되는 일마저 해나가고 있다.

창의성이란 뭘까? 평범한 사람들은 흉내 낼 수 없는 천재들만의 능력으로 여겨지곤 했다. 평범함과 비범함 사이에는 확실한 차이가 있는 것 같았다. 하지만 인공지능은 창의성을 다시 보게 한다.

컴퓨터는 단순 연산을 기반으로 하는 기계다. 막강한 연산 능력이 컴퓨터의 장점이다. 아무리 탁월한 알고리즘도 결국에는 단순한 연산에 의해서 작동한다. 단순하고 기계적이고 너무도 뻔한 것들의 조합일 뿐이다. 그런 행위만으로도 언어를 번역하고, 독창적인 작품을 만들어낸다.

단순 연산의 반복과 조합만으로도 창의성은 발휘될 수 있다. 창의성이라고 해서 꼭 비범하고 독창적인 능력이 있어야만 하는 건 아니다. 평범하고 단순한 능력만으로도 비범한 일을 해낼 수 있다. 인공지능이 그 증거다. 물론 사람이 컴퓨터만큼의 연산 능력을 갖춘 것은 아니다. 하지만 컴퓨터와 같은 도구의 도움을 받아 보완해갈 수 있다.

인생은 대수와 기하에 관한 것이 아니다.

실수를 저지르고 그것을 반복하지 않음으로써

배우는 것이 삶이다.

Life isn't about algebra and geometry.

Learning by making mistakes and not duplicating them is

what life is about.

—

사업가, 린제이 폭스(Lindsay Fox, 1956~)

증명도 척척 해가는
인공지능

컴퓨터를 이용한 최초의 증명은 4색 정리다. 분할된 지도를 색칠하는 문제인 이 정리는 1976년에 증명되었다. 그 과정에서 컴퓨터가 활용되었다. 이후 증명에 컴퓨터가 활용되는 경우가 많아졌다. 처음에는 계산기처럼 길고 복잡한 계산을 대행하는 정도였다. 그러다 증명을 검증하는 역할을 했고, 이제는 새로운 증명을 제시하는 수준에까지 이르렀다.

최근의 사례로 케플러의 추측이 있다. 17세기 천문학자였던 케플러가 제시한 추측이다. 오랫동안 풀리지 않다가 2017년에야 비로소 증명되었다. 그 과정에서 컴퓨터가 활용되었다. 증명을 도와주는 컴퓨터 프로그램을 사용했다.

미자르 프로젝트도 흥미롭게 진행되고 있다. 컴퓨터가 이해할 수 있는 언어로 코드화된 증명을 모으는 프로젝트로 1973년에 시작되었다. 2012년 현재 52,000개의 정리가 데이터베이스로 구축되어 있다.[*] 컴퓨터에 의해 만들어진 증명도 있다. 인공

- wikipedia. Mizar System.

지능 알파고를 만들어낸 구글과 딥마인드가 결합하면서 더 흥미로워졌다. 그들은 알고리즘을 개선해 컴퓨터에 의한 증명의 비율을 56%에서 59%로 끌어올렸다.

증명은 기하의 핵심이었다. 모양과 그 성질을 파악하는 데 익숙해져가는 컴퓨터는 이제 증명의 영역까지 손을 대고 있다. 기하의 전 영역을 섭렵하고 있다. 증명도 참 잘하는 컴퓨터다.

기호의 새로운 조합이
새로운 명제이자 증명

〈

인공지능은 어떻게 새로운 증명을 제시할 수 있는 걸까? 문제를 이해하는 사람도 잘 못하는 증명을 인공지능은 어떻게 해낼 수 있는 걸까? 알고리즘의 원리를 생각해보자.

사람은 보통 문제를 이해하고서 그 문제를 푼다. 내용을 안 다음 해결책을 찾고 제시한다. 그러나 아직까지 컴퓨터가 문제를 이해하는 것 같지는 않다. 언어를 번역하는 인공지능이 언어를 이해하고서 그 일을 해내는 것도 아니다. 존 설의 중국어 방처럼 내용을 이해하지 못하면서 문제를 해결한다.

알고리즘은 몇 개의 한정된 동작으로 구성되어 있다. 그 동작 하나하나를 기호로 표현해보자. 알고리즘은 a, c, d, c……처럼 길게 늘어선 기호들이 될 것이다. 알고리즘이 다르다는 건 기호들의 배열이 다른 것이다. 새 알고리즘이란 같은 기호들의 새로운 배열이다. 기호 자체가 새로워지는 건 아니다.

컴퓨터는 새 알고리즘을 얼마든지 만들어낼 수 있다. 기호들을 새로 조합하면 된다. 이 작업은 컴퓨터에게 쉽다. 막강한 연산 능력을 발휘해 인간이 생각할 수 있는 것보다 더 많은 기호의 조합을 만들어낼 수 있다. 무한히 많은 조합의 생성이 가능하다.

기호들의 새 배열은 수학의 새 명제나 새 증명과 같다. 그 배열은 이전에 존재한 적이 없는 수학적 문장이다. 새롭게 제시된 명제나 증명이 되는 것이다. 증명이 제시되지 않은 문장이라면 그건 추측이나 가설이 될 수 있다. 실제로 이스라엘 공과대학의 연구소는 가설이나 추측을 생성해내는 인공지능을 개발했다. 추측을 많이 제시했던 수학자인 라마누잔의 이름을 따서 라마누잔 기계로 명명했다고 한다. •

컴퓨터는 기호들의 새 조합을 통해 새 증명도 얼마든지 만들어낼 수 있다. 대부분이 의미 없거나 아름답지 않은 증명일 수도 있다. 그렇더라도 원리적으로 볼 때 컴퓨터는 무한히 많은 알고리즘을, 무한히 많은 증명을 제시할 역량을 갖고 있다. 적절한 조건이나 효과적인 방법을 가미하면 의미 있고 유용한 증명을 더 쉽게 만들어낼 수 있지 않을까?

• AI타임스, 2021년 2월 12일자 기사 참조.
http://www.aitimes.com/news/articleView.html?idxno=136444

기하는 정확하지 않은 대상들을
정확하게 추론하는 과학이다.

Geometry is the science of correct reasoning on incorrect figures.

—

수학자, 게오르그 폴리아(George Polya, 1887~1985)

기하와 우리네 인생은 닮은꼴!

기하는 도형을 탐구하는 수학의 한 분야였습니다. 사람들이 궁금해 하던 도형의 성질을 하나하나 밝혀왔습니다. 모양에 따라 성질이 어떻게 달라지는지를 알려줬습니다. 그 지식은 곧바로 우리의 일상에 적용되었습니다.

한편 기하는 도형의 성질을 엄밀하게 알아내고자 '증명'을 하게 됩니다. 증명의 정신은 기하의 모양을 바꿔버렸습니다. 현실의 그림자로서 현실적인 모양이었던 기하는, 이론의 세계에서 독자적인 모양으로 진화해갔습니다. 지식을 추론해가는 체계까지 갖추면서, 제법 근사한 하나의 세계를 이뤘습니다.

우리는 모양을 간직한 채로 태어납니다. 살아가면서 끊임없이 모양을 바꿔갑니다. 크기도 달라지죠. 그 모양과 크기에 따라 자신만의 개성과 재능을 발휘하며 살아갑니다. 생각과 가치관이 달라지면서 우리의 모양을 또한 바꿔갑니다. 기하의 역사가 밝혀왔던 모양과 성질의 관계가 인생에서도 동일하게 재현됩니다.

인생에서는 지식도 중요합니다. 어떤 지식을 취하느냐에 따라 삶을 대하는 태도와 모습이 달라집니다. 그래서 지식을 습득하는 방법론이 중요합니다. 그 방법론이 지식을 결정하기 때문이죠. 지식을 검증하고 습득하기 위해 사용했던 기하의 역사적 방법이 우리 삶에서 다양한 모습으로 진행되고 있습니다.

인생은 어찌 보면 자신의 기하를 형성하는 과정 같습니다. 자기의 모양과 자기 삶의 모양을 형성해갑니다. 그 모양을 기반으로 하여 자신만의 성격과 관점을 지니게 됩니다. 어떻게 살아가야 할지 막막할 때는 삶의 모양새를 확인해보곤 합니다. 그런 과정을 통해 자신만의 세계관과 철학을 구축해 갑니다. 기하의 공리체계와 같은 시스템을 형성해가는 것이죠.

우리는 사회 속에서 살아갑니다. 자신만의 뜻대로만 살아갈 수는 없습니다. 다른 사람들의 선택과 결정에 끊임없이 영향을 받습니다. 하지만 다른 사람들의 뜻대로만 살아가는 것 또한 힘이 듭니다. 받을 건 받고 줄 것은 주는, 적절한 타협이 필요합니다.

타자의 영향을 받으면서도, 자신의 삶을 살아내려는 과정이 인생이겠죠. 그런 인생을 살아가려면 자신만의 힘이 필요합니다. 자신만의 공리와, 그 공리를 기반으로 하여 판단하고 선택하는 시스템을 굳건하게 구축해가야 합니다. 그 부단한 과정을 오늘도 밟아 가시는 분들, 파이팅입니다.

"Bravo my life,
Bravo my geometry!"